学ぶ人は、
変えて
ゆく人だ。

目の前にある問題はもちろん、

人生の問いや、

社会の課題を自ら見つけ、

挑み続けるために、人は学ぶ。

「学び」で、

少しずつ世界は変えてゆける。

いつでも、どこでも、誰でも、

学ぶことができる世の中へ。

旺文社

もくじ

教科書対照表 下記専用サイトをご確認ください。

https://www.obunsha.co.jp/service/teikitest/

S T A F F

編集協力	有限会社マイプラン
校正	株式会社ぷれす／山下聡／吉川貴子
装丁デザイン	groovisions
本文デザイン	大滝奈緒子（プラン・グラフ）

本書の特長と使い方

本書の特長

1 STEP 1 **要点チェック**, STEP 2 **基本問題**, STEP 3 **得点アップ問題**の3ステップで，段階的に定期テストの得点力が身につきます。

2 スケジュールの目安が示してあるので，定期テストの範囲を1日30分×7間で，計画的にスピード完成できます。

3 コンパクトで持ち運びしやすい「＋10点暗記ブック」＆赤シートで，いつでもどこでも，テスト直前まで大切なポイントを確認できます。

STEP 1 要点チェック
テスト1週間前から確認！

単元の要点をまとめたページです。テスト範囲の大事なポイントを確認しましょう。

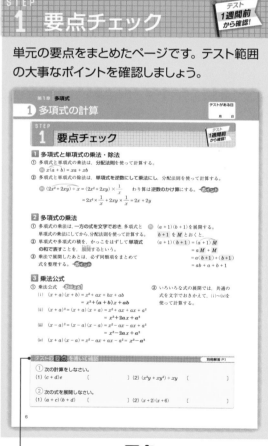

テストの**要点**を書いて確認
「要点チェック」の大事なポイントを，書き込んで整理できます。

STEP 2 基本問題
テスト5日前から確認！

基本的な問題で単元の内容を確認しながら，定期テストの問題形式に慣れるよう練習しましょう。

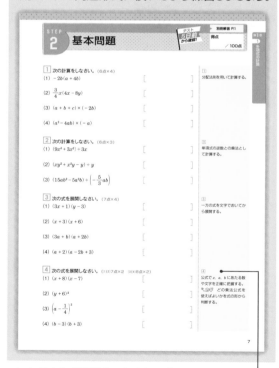

わからない問題は，右のヒントや カギ の内容を読んでから解くことで，理解が深まります。

アイコンの説明

 これだけは覚えたほうがいい内容。

 難しい問題。
これが解ければテストで差がつく！

 テストで間違えやすい内容。

 その単元のポイントをまとめた内容。

 テストによくでる内容。
時間がないときはここから始めよう。

 実際の入試問題。定期テストに
出そうな問題をピックアップ。

STEP 3 得点アップ問題

単元の総仕上げ問題です。テスト本番と同じように取り組んで，得点力を高めましょう。

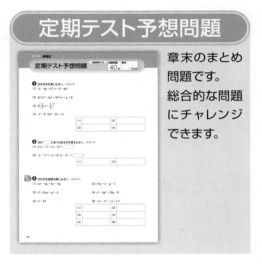

アイコンで，問題の難易度などがわかります。

定期テスト予想問題

章末のまとめ問題です。総合的な問題にチャレンジできます。

+10点 暗記ブック

コンパクトで，テスト当日の確認にピッタリ！赤シート付き。

① 多項式の計算

STEP 1 要点チェック

テスト1週間前から確認!

1 多項式と単項式の乗法・除法

① 多項式と単項式の乗法は，**分配法則**を使って計算する。

　例 $x(a + b) = xa + xb$

② 多項式と単項式の除法は，**単項式を逆数にして乗法にし**，分配法則を使って計算する。

　例 $(2x^2 + 2xy) \div x = (2x^2 + 2xy) \times \dfrac{1}{x}$　　　わり算は**逆数のかけ算**にする。　ポイント

　　　　$= 2x^2 \times \dfrac{1}{x} + 2xy \times \dfrac{1}{x} = 2x + 2y$

2 多項式の乗法

① 多項式の乗法は，**一方の式を文字でおき**，多項式と単項式の乗法にしてから，分配法則を使って計算する。

② 単項式や多項式の積を，かっこをはずして**単項式の和で表す**ことを，展開するという。

③ 乗法で展開したあとは，必ず同類項をまとめて式を整理する。　ポイント

例 $(a + 1)(b + 1)$ を展開する。

$b + 1$ を M とおくと，

$(a + 1)(b + 1) = (a + 1)M$

　　　　　　　　$= aM + M$

　　　　　　　　$= a(b + 1) + (b + 1)$

　　　　　　　　$= ab + a + b + 1$

3 乗法公式

① 乗法公式　おぼえる!

(i)　$(x + a)(x + b) = x^2 + ax + bx + ab$

　　　　　　　　　　$= x^2 + (a + b)x + ab$

(ii)　$(x + a)^2 = (x + a)(x + a) = x^2 + ax + ax + a^2$

　　　　　　　　　　　　　　　$= x^2 + 2ax + a^2$

(iii)　$(x - a)^2 = (x - a)(x - a) = x^2 - ax - ax + a^2$

　　　　　　　　　　　　　　　$= x^2 - 2ax + a^2$

(iv)　$(x + a)(x - a) = x^2 - ax + ax - a^2 = x^2 - a^2$

② いろいろな式の展開では，共通の式を文字でおきかえて，(i)〜(iv)を使って計算する。

テストの**要点**を書いて確認

別冊解答 P.1

① 次の計算をしなさい。

(1) $(c + d)e$　　　〔　　　　　〕　(2) $(x^3y + xy^3) \div xy$　　〔　　　　　〕

② 次の式を展開しなさい。

(1) $(a + c)(b + d)$　〔　　　　　〕　(2) $(x + 2)(x + 6)$　〔　　　　　〕

基本問題

得点

／100点

---

1 次の計算をしなさい。(6点×4)

(1) $-2b(a+4b)$　[　　　]

(2) $\dfrac{3}{4}x(4x-8y)$　[　　　]

(3) $(a+b+c)\times(-2b)$　[　　　]

(4) $(a^2-4ab)\times(-a)$　[　　　]

1　分配法則を用いて計算する。

---

2 次の計算をしなさい。(6点×3)

(1) $(9x^3+3x^2)\div 3x$　[　　　]

(2) $(xy^2+x^2y-y)\div y$　[　　　]

(3) $(15ab^2-5a^2b)\div\left(-\dfrac{5}{3}ab\right)$　[　　　]

2　単項式の逆数との乗法として計算する。

---

3 次の式を展開しなさい。(7点×4)

(1) $(3x+1)(y-3)$　[　　　]

(2) $(x+3)(x+6)$　[　　　]

(3) $(3a+b)(a+2b)$　[　　　]

(4) $(a+2)(a-2b+3)$　[　　　]

3　一方の式を文字でおいてから展開する。

---

4 次の式を展開しなさい。((1)(2)7点×2　(3)(4)8点×2)

(1) $(x+8)(x-7)$　[　　　]

(2) $(y+6)^2$　[　　　]

(3) $\left(a-\dfrac{1}{4}\right)^2$　[　　　]

(4) $(b-3)(b+3)$　[　　　]

4　公式で x, a, b にあたる数や文字を正確に把握する。
カギ　どの乗法公式を使えばよいかを式の形から判断する。

1 次の式を計算しなさい。(3点×4)

(1) $\dfrac{1}{2}x(6x^2 + 2xy)$

(2) $\dfrac{2}{3}xy(9xy^2 - 6y)$

(3) $(4x - 3y + 5) \times (-2x)$

(4) $(3x^2y + 6xy - 4xy^2) \div \dfrac{1}{3}xy$

(1)		(2)		(3)		(4)	

2 次の式を計算しなさい。(4点×3)

(1) $2x(x - 1) + 3x^2(-2x - 3)$

(2) $(a + 2b)(a - b - c) + (a^3b - ab^3) \div ab$

(3) $(2x + 3y) \times 2x - (4x^2y + 6xy^2) \div y$

(1)		(2)		(3)	

よく でる 3 次の式を展開しなさい。(4点×5)

(1) $(x + 1)(x + 7)$

(2) $(x - 8)(x + 2)$

(3) $(x + 7)(x - 5)$

(4) $(x - 5)(x - 3)$

(5) $(x - 10)(x - 2)$

(1)		(2)		(3)		(4)	
(5)							

4 次の式を展開しなさい。（4点×5）

(1) $(2x - 7y)^2$

(2) $\left(a + \dfrac{2}{3}\right)^2$

(3) $(2a + 3b)(2a - 7b)$

(4) $(2x + 3y)(2x - 3y)$

(5) $(5 - 2a)(5 + 2a)$

(1)		(2)		(3)		(4)	
(5)							

5 次の式を計算しなさい。（4点×4）

(1) $3(x + 4)(x - 8)$

(2) $-(x - 9)(x + 1)$

(3) $-4(x - 2)^2$

(4) $(2x + 3y)(2x - y) - 4(x - y)^2$

(1)		(2)		(3)		(4)	

6 次の式を計算しなさい。（5点×4）

(1) $(a + b + c)^2$

(2) $(x + 1 + y)(x + 2 + y)$

(3) $(a - b - 4)(a - b + 3)$

(4) $(x - 3y)(x - 3y + 6)$

(1)		(2)	
(3)		(4)	

② 因数分解

STEP 1 要点チェック

テスト
1週間前
から確認!

1 因数分解

① 因数：多項式を**いくつかの式の積**で表したときのそれぞれの式。

② 多項式をいくつかの**因数の積**で表すことを**因数分解する**という。

③ 多項式の各項に共通する因数を**共通因数**といい，これをかっこの外にくくり出して，多項式を因数分解することができる。

因数分解 展開の逆の計算

例　$x^2 + 4x + 3 = (x + 3)(x + 1)$
　　　　　　　　　　→ $x^2 + 4x + 3$ の因数

　　　　　　　→ $ax,\ ay$ の共通因数
例　$a\,x + a\,y = a\,(x + y)$
　　　　共通因数をかっこの外にくくり出す

ミス注意!　$2x + 2y$ のような場合は，文字ではなく数が共通因数となる。$2(x + y)$

2 公式を利用する因数分解

① 因数分解の公式　**おぼえる!**

　(ⅰ)　$x^2 + (a + b)x + ab = (x + a)(x + b)$

　(ⅱ)　$x^2 + 2ax + a^2 = (x + a)^2$

　(ⅲ)　$x^2 - 2ax + a^2 = (x - a)^2$

　(ⅳ)　$x^2 - a^2 = (x + a)(x - a)$

例　$x^2 + 6x + 8$ を因数分解する。

　　因数分解の公式(ⅰ)で，和が6，積が8になる a，b の組から，**$a = 2$，$b = 4$** より，

　　$x^2 + 6x + 8 = (x + 2)(x + 4)$

② いろいろな式の因数分解では，「共通因数をくくり出す」→「かっこの中の因数分解」の順に因数分解する。

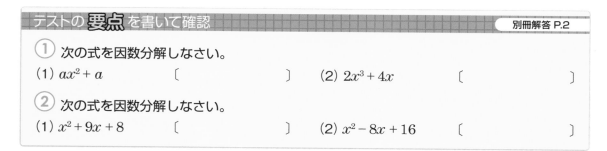

テストの **要点** を書いて確認　　　　　　　　　　別冊解答 P.2

① 次の式を因数分解しなさい。

(1) $ax^2 + a$　　〔　　　　　〕　　(2) $2x^3 + 4x$　　〔　　　　　　　〕

② 次の式を因数分解しなさい。

(1) $x^2 + 9x + 8$　〔　　　　　〕　　(2) $x^2 - 8x + 16$　〔　　　　　　　〕

STEP 2 基本問題

得点 ／100点

---

1 次の式を因数分解しなさい。(6点×5)

(1) $2ax + 4ay$ 　　[　　　　　]

(2) $4x^2 + 6x$ 　　[　　　　　]

(3) $-3ax^2 + 9ax$ 　　[　　　　　]

(4) $2x^3 + 6x$ 　　[　　　　　]

(5) $6xy^2 - 18x^2y + 12xy$ 　　[　　　　　]

2 次の式を因数分解しなさい。(6点×5)

(1) $x^2 + 7x + 6$ 　　[　　　　　]

(2) $x^2 - 13x + 42$ 　　[　　　　　]

(3) $2x^2 + 4x + 2$ 　　[　　　　　]

(4) $x^2 - 3x - 4$ 　　[　　　　　]

(5) $-3x^2 - 6x + 9$ 　　[　　　　　]

3 次の式を因数分解しなさい。(8点×5)

(1) $x^2 - 18x + 81$ 　　[　　　　　]

(2) $2x^2 - 8x + 8$ 　　[　　　　　]

(3) $2x^2 - 8$ 　　[　　　　　]

(4) $-3x^2 + 27$ 　　[　　　　　]

(5) $9x^2 - 4$ 　　[　　　　　]

1
各項に共通する**共通因数**をくくり出す。

🔑**カギ** 共通因数には文字だけでなく，数もふくまれることに注意する。

2
(i) $x^2 + (a + b)x + ab$
　$= (x + a)(x + b)$
(ii) $x^2 + 2ax + a^2$
　$= (x + a)^2$

3
(iii) $x^2 - 2ax + a^2$
　$= (x - a)^2$
(iv) $x^2 - a^2$
　$= (x + a)(x - a)$

1 次の式を因数分解しなさい。(4点×4)

(1) $ab - bc$

(2) $6xy - 9xz$

(3) $4x^2 - 8x$

(4) $5x^2y + 10xy^2$

(1)		(2)		(3)		(4)	

2 次の式を因数分解しなさい。(4点×4)

(1) $ax^2 + bxy + cx$

(2) $4ax - 8ay + 12az$

(3) $5a^2b + 10ab - 25b$

(4) $-3x^3 + 27xy + 6x$

(1)		(2)		(3)		(4)	

よくでる **3** 次の式を因数分解しなさい。(4点×4)

(1) $x^2 - 5x - 36$

(2) $x^2 - 24x + 144$

(3) $4x^2 + 4x + 1$

(4) $x^2 - 64$

(1)		(2)		(3)		(4)	

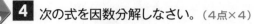

よくでる **4** 次の式を因数分解しなさい。（4点×4）

(1) $2x^2 + 8x - 24$

(2) $8x^2 - 16x + 8$

(3) $-7a^2 + 21a - 14$

(4) $ax^2 - 36a$

(1)		(2)		(3)		(4)	

5 次の式を因数分解しなさい。（4点×4）

(1) $m(x + y) + n(x + y)$

(2) $(x + 3)(x - 3) - 16$

(3) $(x + 2)^2 - 9$

(4) $(a + 2)^2 - 6(a + 2) + 5$

(1)		(2)		(3)		(4)	

難 **6** 次の式を因数分解しなさい。（5点×4）

(1) $a(x - y) + 2(x - y)$

(2) $(a + b)^2 - c^2$

(3) $(x - 3)^2 - 2(x - 3) + 1$

(4) $-4(x - 1) + x^2$

(1)		(2)		(3)		(4)	

3 式の計算の利用

STEP 1 要点チェック

1 式の計算の利用

① 数の計算で，**乗法公式や因数分解を利用すると，計算を簡単にできることがある。**

例 92×88を計算する。

$92 = 90 + 2$，$88 = 90 - 2$として，乗法公式の公式(iv)で，$x = 90$，$a = 2$とすればよい。

$92 \times 88 = (90 + 2) \times (90 - 2) = 90^2 - 2^2 = 8100 - 4 = 8096$

例 $87^2 - 13^2$を計算する。

因数分解の公式(iv)で，$x = 87$，$a = 13$とすればよい。

$87^2 - 13^2 = (87 + 13) \times (87 - 13) = 100 \times 74 = 7400$

② 式の値を求めるときは，**式を簡単にしてから代入したり，因数分解してから代入すると，計算が簡単になることがある。**

例 $a = 32$，$b = 28$のとき，$a^2 + 2ab + b^2$の値を求める。

式を因数分解すると，$a^2 + 2ab + b^2 = (a + b)^2$

この式に，$a = 32$，$b = 28$を代入すると，

$(32 + 28)^2 = 60^2 = 3600$

2 式による証明

① 数の性質や図形の面積の問題などでは，**乗法公式や因数分解の公式を利用することもできる。**

例 2つの奇数の和は偶数になることを証明する。

m，nを整数とするとき，2つの奇数は，$2m + 1$，$2n + 1$と表される。

このとき，2数の和は，$(2m + 1) + (2n + 1) = 2m + 2n + 2 = \underline{2(m + n + 1)}$

$m + n + 1$は整数だから，$2(m + n + 1)$は偶数である。　　偶数は2の倍数→2×（整数）

したがって，2つの奇数の和は偶数である。

> **よくでる** 数の性質では，整数nを用いてさまざまな数を表すことができる。
>
> 偶数→$2n$　　奇数→$2n + 1$　　連続する2つの整数→n，$n + 1$
> 連続する3つの整数→$n - 1$，n，$n + 1$やn，$n + 1$，$n + 2$など

テストの 要点 を書いて確認　　　　　　　　　　　　　　別冊解答 P.4

① 次の計算をしなさい。

(1) 97×103　　〔　　　　　　〕 (2) $90^2 - 10^2$　　〔　　　　　　〕

② $a = 52$，$b = 48$のとき，次の式の値を求めなさい。

(1) $a^2 - 2ab + b^2$　〔　　　　　　〕 (2) $a^2 - b^2$　　〔　　　　　　〕

STEP 2 基本問題

テスト 5日前 から確認!

別冊解答 P.4

得点 ／100点

---

1 次の計算をしなさい。(10点×4)

(1) 105^2 [ ]

(2) 52×48 [ ]

(3) 97^2 [ ]

(4) $108^2 - 102^2$ [ ]

2 $a = 23$ のとき，次の式の値を求めなさい。(10点×2)

(1) $a^2 - 6a + 9$ [ ]

(2) $a^2 + 14a + 49$ [ ]

3 $a = 34$，$b = 36$ のとき，次の式の値を求めなさい。(10点×3)

(1) $a^2 + 2ab + b^2$ [ ]

(2) $a^2 - 2ab + b^2$ [ ]

(3) $a^2 - b^2$ [ ]

4 連続する3つの整数で，中央の数の平方から1をひいた数は，両端の整数の積に等しくなることを証明しなさい。(10点)

[ ]

---

1 乗法公式や因数分解の公式を利用する。

2 因数分解の公式を利用してから代入する。

3 因数分解の公式を利用してから代入する。

4 カギ n を整数とすると，連続する3つの整数は，$n-1$，n，$n+1$

STEP 3 得点アップ問題

テスト 3日前 から確認！

別冊解答 P.4

得点 ／100点

よくでる **1** 次の計算をしなさい。(5点×4)

(1) 109^2

(2) 89×91

(3) 42×58

(4) 123^2-23^2

(1)		(2)		(3)		(4)	

2 次の式の値を求めなさい。(6点×4)

(1) $x=35$のとき，$(x+3)(x-3)-x(x-4)$

(2) $x=-4$のとき，$(x-2)^2-(x+1)(x-1)$

(3) $x=-13$のとき，$x^2-3x-18$

(4) $x=28$のとき，x^2+4x+4

(1)		(2)		(3)		(4)	

3 次の式の値を求めなさい。(6点×4)

(1) $x=-3$，$y=1$のとき，$(x+y)^2-2xy$

(2) $x=4$，$y=-3$のとき，$(x+2y)^2+y(x+2y)$

(3) $x=75$，$y=25$のとき，x^2-y^2

(4) $x=6.25$，$y=3.75$のとき，$x^2-6xy+9y^2$

(1)		(2)		(3)		(4)	

4 連続する2つの奇数の積に1をたした数は，その間の偶数の2乗に等しいことを証明しなさい。

5 連続する2つの整数がある。大きい方の2乗と小さい方の2乗の差は奇数になることを証明しなさい。（10点）

難 **6** 右の図のように縦の長さがxm，横の長さがymの長方形の土地の周囲に幅amの道がある。この道の面積をSm²，道の真ん中を通る線分の長さをℓmとするとき，$S = a\ell$となることを証明しなさい。（12点）

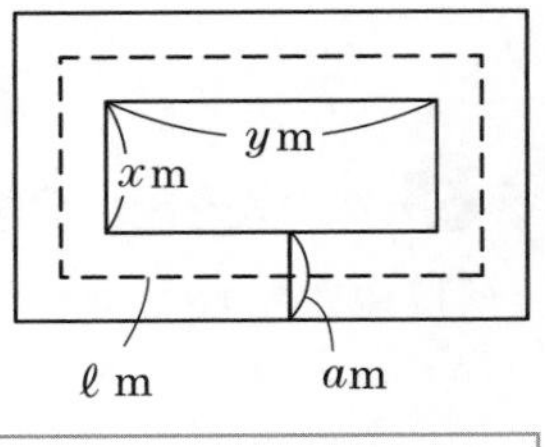

ym
xm

ℓ m　　am

定期テスト予想問題

別冊解答 P.5

目標時間 **40**分

得点 ／100点

---

❶ 次の式を計算しなさい。(4点×4)

(1) $(x - 4y + 2)(x + 3 - 4y)$

(2) $4x(x^2 + xy) + 3x^2(x + y + 2)$

(3) $9\left(\dfrac{1}{3}a + \dfrac{1}{6}\right)^2$

(4) $(x - 2)(3x^2 - 2x + 4)$

(1)		(2)	
(3)		(4)	

---

❷ 次の ☐ にあてはまる式を答えなさい。(5点×2)

(1) $x(x - 1) = (x - 3)^2 + $ ☐

(2) $(x - 1)^2 = (x + 2)(x - 2) + ($ ☐ $)$

(1)		(2)	

よく でる **❸** 次の式を因数分解しなさい。(5点×6)

(1) $ax - ay + bx - by$

(2) $x^2 y + x - y - 1$

(3) $x^2 + 2xy + y^2 - 4$

(4) $x^2 - 4y^2 - 12y - 9$

(5) $x^4 - 81$

(6) $(x^2 - 1)^2 - (x + 1)^2$

(1)		(2)	
(3)		(4)	
(5)		(6)	

4 次の問いに答えなさい。(5点×2)

(1) $(x+y-2)(x+y+6)-20$ について，$x+y=M$ として計算しなさい。ただし，答えは M を用いて答えなさい。

(2) $(x+y-2)(x+y+6)-20$ を因数分解しなさい。

(1)		(2)	

5 次の計算をしなさい。(5点×4)

(1) 128^2

(2) 74×66

(3) 999^2

(4) $68 \times 72 - 73 \times 67$

(1)		(2)		(3)		(4)	

入試に出る! **6** 花子さんは，メモに書いた式を見て，「連続する3つの自然数では，もっとも小さい自然数ともっとも大きい自然数の積に1を加えると，中央の自然数の2乗に等しくなる」と予想した。
この予想がいつでも成り立つことを，もっとも小さい自然数を n として証明しなさい。

(青森県)(14点)

花子さんのメモ

2, 3, 4の場合	$2 \times 4 + 1 = 9 = 3^2$
3, 4, 5の場合	$3 \times 5 + 1 = 16 = 4^2$
6, 7, 8の場合	$6 \times 8 + 1 = 49 = 7^2$
11, 12, 13の場合	$11 \times 13 + 1 = 144 = 12^2$

1 平方根

STEP 1 要点チェック

1 平方根

① 2乗すると正の数aになる数をaの平方根という。

② aの平方根は$\sqrt{a}$と$-\sqrt{a}$の2つである。
　　　　　　　　　└─→$\sqrt{}$を根号という。

　　例　4の平方根は$+2$と-2の2つある。←平方根が**整数**になる場合に注意する。

　　　　3の平方根は$+\sqrt{3}$と$-\sqrt{3}$の2つある。

③ 0の平方根は**0だけ**である。

④ 正の数aについて，$\sqrt{a^2}=a$，$-\sqrt{a^2}=-a$が成り立つ。

右図: 2乗（平方） aの平方根 → a ／ 平方根 ←

2 平方根の大小

① a，bが正の数で，$a<b$ならば，$\sqrt{a}<\sqrt{b}$である。必ず$\sqrt{}$の中の整数で比べる。

　　例　$\sqrt{3}$と$\sqrt{5}$の大小は，$3<5$なので$\sqrt{3}<\sqrt{5}$である。

　ミス注意! 2と$\sqrt{3}$の大小は，$2=\sqrt{4}$より$4>3$なので，$2>\sqrt{3}$である。

3 有理数と無理数

① 有理数：$\dfrac{a}{b}$（aは整数，bは0でない整数）と表すことが**できる**数。

② 無理数：$\dfrac{a}{b}$（aは整数，bは0でない整数）で表すことが**できない**数。

　　例　$0.2=\dfrac{1}{5}$→分数で表すことができるので0.2は有理数。

　　　　$\sqrt{2}=1.4142\cdots$→分数で表すことができないので$\sqrt{2}$は無理数。

　　　　$\pi=3.1415\cdots$→分数で表すことができないのでπは無理数。**おぼえる!**

　　　　$\sqrt{9}=3=\dfrac{3}{1}$→分数で表すことができるので$\sqrt{9}$は有理数。

テストの **要点** を書いて確認　　　　　　　　　別冊解答 P.7

① 次の問いに答えなさい。

(1) 9の平方根を答えなさい。　　　　　　　　　　〔　　　　　　　　〕

(2) 6の平方根を答えなさい。　　　　　　　　　　〔　　　　　　　　〕

(3) 5と$\sqrt{6}$の大小を答えなさい。　　　　　　　〔　　　　　　　　〕

(4) $\sqrt{3}$は有理数と無理数のどちらですか。　　〔　　　　　　　　〕

STEP 2 基本問題

テスト 5日前 から確認!

別冊解答 P.7

得点 ／100点

---

1 次の問いに答えなさい。（6点×4）

(1) 64の平方根を答えなさい。　［　　　　　］

(2) 5の平方根を答えなさい。　［　　　　　］

(3) 3を2乗した数を答えなさい。　［　　　　　］

(4) $\sqrt{10}$ を2乗した数を答えなさい。　［　　　　　］

> **1**
> 正の数 a の平方根は2つあることに注意する。

---

2 次の数を，根号を使わずに表しなさい。（6点×3）

(1) $\sqrt{144}$ 　［　　　　　］

(2) $\sqrt{0.36}$ 　［　　　　　］

(3) $-\sqrt{\dfrac{25}{81}}$ 　［　　　　　］

> **2**
> $a > 0$ のとき，
> $\sqrt{a^2} = a,\ -\sqrt{a^2} = -a$

---

3 次の数の組の大小を，不等号を使ってそれぞれ表しなさい。（7点×4）

(1) $\sqrt{13}$, $\sqrt{17}$ 　［　　　　　］

(2) 4, $\sqrt{11}$ 　［　　　　　］

(3) $\left(-\sqrt{2}\right)^2$, $\sqrt{3}$ 　［　　　　　］

(4) $\sqrt{(-4)^2}$, 5 　［　　　　　］

> **3**
> $a > 0,\ b > 0$ のとき，
> $a < b$ ならば，$\sqrt{a} < \sqrt{b}$

---

4 次の数が有理数と無理数のどちらか答えなさい。（(1)(2)各7点　(3)(4)各8点）

(1) 1.5 　［　　　　　］

(2) 2π 　［　　　　　］

(3) $\sqrt{16}$ 　［　　　　　］

(4) $-\sqrt{0.49}$ 　［　　　　　］

> **4**
> $\dfrac{b}{a}$（a は整数，b は 0 でない整数）と表せるのは有理数。

得点アップ問題

1 次の問いに答えなさい。(4点×5)

(1) 144の平方根を答えなさい。

(2) 17の平方根を答えなさい。

(3) $a^2 = 81$ となるような a の値を答えなさい。

(4) $a^2 = 37$ となるような a の値を答えなさい。

(5) $\sqrt{0.01}$ を根号を使わずに表しなさい。

(1)		(2)		(3)		(4)	
(5)							

よく でる 2 次の数の組の大小を，不等号を使ってそれぞれ表しなさい。(4点×4)

(1) $-\sqrt{9}$, -4

(2) 5, $2\sqrt{7}$

(3) $3\sqrt{2}$, $2\sqrt{5}$

(4) $4\sqrt{3}$, $\sqrt{10}$, 6

(1)		(2)		(3)		(4)	

3 次の問いに答えなさい。(6点×3)

(1) a が0以上10以下の整数のとき，$\sqrt{a}$ が無理数となるような a をすべて答えなさい。

(2) a が5以上15以下の整数のとき，$\sqrt{a-2}$ が有理数となるような a をすべて答えなさい。

(3) a が10以上20以下の整数のとき，$\sqrt{2a}$ が有理数となるような a をすべて答えなさい。

(1)		(2)		(3)	

4 次の問いに答えなさい。(6点×3)

(1) aが-5以上15以下の整数のとき，$\sqrt{\dfrac{1}{2}a+5}$ が有理数となるような a をすべて答えなさい。

(2) nを自然数とする。$\sqrt{40n}$ が自然数となるとき，もっとも小さい n の値を求めなさい。

(3) nを自然数とする。$\sqrt{\dfrac{150}{n}}$ が自然数となるとき，もっとも小さい n の値を求めなさい。

(1)		(2)		(3)	

5 次の問いに答えなさい。(6点×3)

(1) nを整数とするとき，$2.4<\sqrt{n}<2.7$にあてはまる整数をすべて答えなさい。

(2) $-6<-\sqrt{a}<-5$ をみたす整数aは全部で何個ありますか。

(3) $1<\sqrt{\dfrac{a}{4}}<\dfrac{3}{2}$ をみたす整数aをすべて求めなさい。

(1)		(2)		(3)	

6 右の図のように，面積が75cm²の正方形があります。この正方形の一辺の長さを$a$cmとおきます。nを整数とするとき，$n<a<n+3$ をみたすnの値をすべて求めなさい。ただし，$\sqrt{3}=1.73$とする。

(10点)

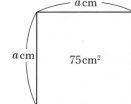

2 根号をふくむ式の計算

STEP 1 要点チェック

テスト
1週間前
から確認！

1 根号をふくむ式の乗法・除法

① a, bを正の整数とするとき，

$$\begin{cases} \sqrt{a} \times \sqrt{b} = \sqrt{ab} \\ \dfrac{\sqrt{a}}{\sqrt{b}} = \sqrt{\dfrac{a}{b}} \end{cases}$$

 $\sqrt{2} \times \sqrt{3} = \sqrt{2 \times 3} = \sqrt{6}$

$\dfrac{\sqrt{6}}{\sqrt{3}} = \sqrt{\dfrac{6}{3}} = \sqrt{2}$

> **ミス注意！** 根号の中にある数のうち，2乗の形になる数は根号の外にだす。
> 例 $\sqrt{18} = \sqrt{3^2 \times 2} = 3\sqrt{2}$

2 根号をふくむ式の加法・減法

① a, b, cを正の数とするとき，

$$\begin{cases} a\sqrt{c} + b\sqrt{c} = (a+b)\sqrt{c} \\ a\sqrt{c} - b\sqrt{c} = (a-b)\sqrt{c} \end{cases}$$

例 $3\sqrt{2} + 4\sqrt{2} = (3+4)\sqrt{2} = 7\sqrt{2}$

$4\sqrt{2} - 5\sqrt{2} = (4-5)\sqrt{2} = -\sqrt{2}$

> **ミス注意！** 根号の中のcの値がちがっても，cの値を簡単にすると計算できるものがある。
> 例 $\sqrt{12} + \sqrt{3} = 2\sqrt{3} + \sqrt{3} = 3\sqrt{3}$

3 分母の有理化

① 分母に根号がある分数を，**分母に根号がない形に変形する**ことを分母を**有理化する**という。

 $\dfrac{3}{\sqrt{2}} = \dfrac{3 \times \sqrt{2}}{\sqrt{2} \times \sqrt{2}} = \dfrac{3\sqrt{2}}{2}$ ← 分母，分子に**同じ平方根**をかけて 分母を整数にする。

4 根号をふくむ式のいろいろな計算

① 分配法則や乗法公式を使って計算する。

例 $\sqrt{2}(\sqrt{3} + 1) = \sqrt{2} \times \sqrt{3} + \sqrt{2} \times 1 = \sqrt{6} + \sqrt{2}$ 　分配法則を利用

$(\sqrt{2} + 1)^2 = (\sqrt{2})^2 + 2 \times 1 \times \sqrt{2} + 1^2 = 3 + 2\sqrt{2}$ 　乗法公式を利用

② 因数分解を利用して式の値を求める。

例 $a = 2 + \sqrt{3}$ のとき，$a^2 - 4a + 4$の値を求める。

$a^2 - 4a + 4 = (a-2)^2$に$a = 2 + \sqrt{3}$ を代入して，$(2 + \sqrt{3} - 2)^2 = (\sqrt{3})^2 = 3$

テストの 要点 を書いて確認

別冊解答 P.8

① 次の計算をしなさい。

(1) $\sqrt{5} \times \sqrt{6}$ 〔　　　　　〕　　(2) $\sqrt{42} \div \sqrt{7}$ 〔　　　　　〕

(3) $3\sqrt{3} + 5\sqrt{3}$ 〔　　　　　〕　　(4) $3\sqrt{7} - \sqrt{7}$ 〔　　　　　〕

② 次の分数を分母に根号がない形に変形しなさい。

(1) $\dfrac{1}{\sqrt{5}}$ 〔　　　　　〕　　(2) $\dfrac{3}{4\sqrt{3}}$ 〔　　　　　〕

1 次の計算をしなさい。(8点×4)

(1) $\sqrt{10} \times \sqrt{5}$ 　　[　　　　　]

(2) $-\sqrt{6} \times \sqrt{7}$ 　　[　　　　　]

(3) $\sqrt{24} \div \sqrt{8}$ 　　[　　　　　]

(4) $\sqrt{16} \div \sqrt{2}$ 　　[　　　　　]

2 次の計算をしなさい。(8点×4)

(1) $\sqrt{32} + 2\sqrt{2}$ 　　[　　　　　]

(2) $\sqrt{18} - \sqrt{72}$ 　　[　　　　　]

(3) $2\sqrt{7} - 5\sqrt{7} + 3\sqrt{7}$ 　　[　　　　　]

(4) $-3\sqrt{3} + 4\sqrt{3} - 9\sqrt{3}$ 　　[　　　　　]

3 次の分数を分母に根号がない形に変形しなさい。(9点×2)

(1) $-\dfrac{8}{\sqrt{2}}$ 　　[　　　　　]

(2) $\dfrac{9}{4\sqrt{3}}$ 　　[　　　　　]

4 次の問いに答えなさい。(9点×2)

(1) $a = \sqrt{3} + 2$のとき，$a^2 - 4a$の値を求めなさい。 [　　　　　]

(2) $a = \sqrt{10} - 4$のとき，$a^2 + 8a + 16$の値を
　　求めなさい。 [　　　　　]

1
$a > 0$，$b > 0$のとき，
$\sqrt{a^2 b} = a\sqrt{b}$
カギ 根号の中はできるだけ簡単な整数にする。

2
根号の中の数を簡単にすると計算できる場合がある。
カギ 根号の外にある数をたしたりひいたりする。

3
分母・分子に同じ数をかける。

4
因数分解してから値を代入する。

得点アップ問題

1 次の計算をしなさい。(3点×4)

(1) $\sqrt{48} \times \sqrt{3}$

(2) $(-\sqrt{27}) \div \sqrt{3}$

(3) $3\sqrt{12} \times (-\sqrt{8})$

(4) $\sqrt{5} \times \sqrt{6} \div \sqrt{3}$

(1)		(2)		(3)		(4)	

2 次の計算をしなさい。(5点×3)

(1) $\sqrt{6} + 2\sqrt{6} - \sqrt{48}$

(2) $-\sqrt{90} + \sqrt{40} - \sqrt{10}$

(3) $\sqrt{54} - \sqrt{75} - 5\sqrt{6} + \sqrt{48}$

(1)		(2)		(3)	

よく でる **3** 次の分数を分母に根号をふくまない形に変形しなさい。(4点×3)

(1) $\dfrac{2}{\sqrt{3}}$

(2) $\dfrac{\sqrt{6}}{2\sqrt{5}}$

(3) $\dfrac{9}{\sqrt{45}}$

(1)		(2)		(3)	

4 次の計算をしなさい。(6点×4)

(1) $\left(\sqrt{2}+3\right)^2$

(2) $\left(\sqrt{3}+1\right)^2+3\sqrt{3}$

(3) $\left(1+\sqrt{2}\right)\left(\sqrt{3}-4\right)$

(4) $\left(\sqrt{2}+\sqrt{3}\right)\left(\sqrt{6}-\sqrt{15}\right)$

(1)		(2)	
(3)		(4)	

5 $\sqrt{2}=1.41$，$\sqrt{5}=2.23$ として，次の値を求めなさい。(4点×4)

(1) $\sqrt{200}$

(2) $\sqrt{0.05}$

(3) $\sqrt{20}-\sqrt{125}$

(4) $\dfrac{1}{\sqrt{80}}$

(1)		(2)		(3)		(4)	

6 $\sqrt{2}=1.41\cdots$，$\sqrt{5}=2.23\cdots$ として，次の問いに答えなさい。(7点×3)

(1) $\sqrt{2}$ の小数部分をaとするとき，$(a+1)^2$ の値を求めなさい。

(2) $\sqrt{5}$ の小数部分をbとするとき，$b(b+4)$ の値を求めなさい。

(3) nを正の整数とする。$\sqrt{3}\times\sqrt{n}$ の値が整数となるようなnの値のうち，小さいほうから3つを順に答えなさい。

(1)		(2)		(3)	

3 近似値と有効数字

STEP 1 要点チェック

テスト1週間前から確認!

1 近似値

① **近似値**：実際にはかって得られた測定値や，四捨五入や切り上げ，切り捨てなどで得られた値などのように，**真の値ではないが，それに近い値。**

② **誤差**：近似値から真の値をひいた差

（誤差）＝（近似値）－（真の値） おぼえる!

例 ある数nを小数第1位で四捨五入した値が15のとき，$14.5 \leqq n < 15.5$であるから，誤差の絶対値は0.5以下である。

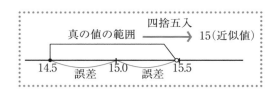

2 有効数字

① **有効数字**：近似値を表す数のうち，信頼できる数字。有効数字の個数を**有効数字のけた数**という。近似値のうち，どこまでが有効数字であるかをはっきりさせるには，近似値を**（整数部分が1けたの数）×（10の累乗）**の形で表す。 おぼえる!

例 長さ 1852.4 cm のリボンについて，

ア 10cm未満を四捨五入したリボンの長さは，1850cm ← 近似値

イ アのとき，誤差は，1850－1852.4 ＝ －2.4 誤差の絶対値は，2.4cm

ウ アのとき，有効数字は，1，8，5 **（有効数字は10cmの位まで）**

エ アを，有効数字がわかるように表すと，有効数字は3けただから，
1.85×10^3 cm ← **（整数部分が1けたの数）×（10の累乗）の形**

オ 1 cm未満を四捨五入した場合は 1852 cm となり，けた数は4けたで，有効数字は，1，8，5，2 だから，1.852×10^3 cm となる。

例 1 cm未満を四捨五入した長さが540 cmのリボンについて，有効数字は，5，4，0 有効数字がわかるように表すと，5.40×10^2 cm となる。← 5 は百の位の数字

例 3.6×10^3 kgは，近似値を100kgの位まで求めて3600kgを得たことがわかる。**（有効数字は100kgの位までで，3 と 6 である。）**

テストの **要点** を書いて確認

別冊解答 P.9

① ある数 a の十の位を四捨五入して近似値4200を得た。aの値の範囲を不等号を使って表しなさい。 〔　　　　　　　　　　〕

② 1 cmの位まで測定した580cmについて，次の問いに答えなさい。

(1) 有効数字を答えなさい。 〔　　　　　　　　　　〕

(2) （整数部分が1けたの数）×（10の累乗）の形で表しなさい。〔　　　　　　　　　　〕

STEP 2 基本問題

得点

／100点

1 次の問いに答えなさい。(10点×3)

(1) 近似値が 35 m，真の値が 34.86 m のとき，誤差を求めなさい。

[　　　　　　　]

(2) ある数 a を百の位で四捨五入したら 18000 になった。a の値の範囲を不等号を使って表しなさい。

[　　　　　　　]

(3) (2) において，誤差の絶対値は大きくてもどのくらいと考えられるか。

[　　　　　　　]

2 次の問いに答えなさい。(10点×7)

(1) 百の位を四捨五入したら 26000 になる数がある。この数の近似値の有効数字を答えなさい。

[　　　　　　　]

(2) (1)の数の近似値を有効数字がわかるように，(整数部分が 1 けたの数)×(10 の累乗)の形で表しなさい。

[　　　　　　　]

(3) ある重さの測定値 2800 g の有効数字が 2 けたのとき，この測定値を(整数部分が 1 けたの数)×(10 の累乗)の形で表しなさい。

[　　　　　　　]

(4) ある距離の測定値 4200 m の有効数字が 3 けたのとき，この測定値を(整数部分が 1 けたの数)×(10 の累乗)の形で表しなさい。

[　　　　　　　]

(5) 次の測定値は何の位まで測定したものか答えなさい。

① 3.8×10^2 g

[　　　　　　　]

② 2.16×10^4 m

[　　　　　　　]

③ 5.80×10^3 L

[　　　　　　　]

1
(誤差)＝(近似値)−(真の値)
(3) 誤差の絶対値の最大値は，真の値と(2)で求めた範囲の最小値との差になる。

2
(1) 百の位を四捨五入したときの信頼できる数字は，千の位から上の位の数字になる。
(2) 1×10^n が 1 万の位の数になる。
(3) 有効数字は 2 と 8 だから，2.8×10^n の形になる。
(4) 4.20×10^n の形になる。
(5) ①近似値は 380，有効数字は 3 と 8 であることから考える。

よくでる **1** 次の場合，誤差の絶対値を求めなさい。 (5点×4)

(1) 真の値が2365人で，近似値が2400人

(2) 真の値が36420mで，近似値が36km

(3) 真の値852Lを，十の位で四捨五入したとき

(4) 真の値47.86を，小数第1位で四捨五入したとき

(1)		(2)	
(3)		(4)	

よくでる **2** ある数 a の小数第2位を四捨五入したら35.8になった。これについて，次の問いに答えなさい。

(5点×3)

(1) a の値の範囲を不等号を使って表しなさい。

(2) 誤差の絶対値は大きくてもどのくらいと考えられるか。

(3) 有効数字がわかるように，(整数部分が1けたの数)×(10の累乗)の形で表しなさい。

(1)		(2)	
(3)			

3 次の数値を，真の値 a の末位を四捨五入して得られた近似値とするとき，a の値の範囲を不等号を使って表しなさい。 (5点×4)

(1) 4.56   (2) 3.206

(3) 7.0   (4) 5.800

(1)		(2)	
(3)		(4)	

難 **4** ある数 a を15でわり，商を四捨五入によって整数で求めたら 2 になった。a の値の範囲を，不等号を使って表しなさい。(5点)

よくでる **5** A，B2地点間の距離を測り 100 m 未満を四捨五入して，測定値 **7400 m** を得た。これについて，次の問いに答えなさい。(4点×2)

(1) 有効数字を答えなさい。

(2) (整数部分が 1 けたの数)×(10の累乗)の形で表しなさい。

(1)		(2)	

6 次の数値を，(整数部分が 1 けたの数)×(10 の累乗)の形で表しなさい。(4点×6)

(1) 10cm 未満を四捨五入した長さが4390cm

(2) 1dLの位まで測定した量が580L

(3) 1000人の位まで測定した人数が1540000人

(4) 100g以下を四捨五入した重さが25kg

(5) 有効数字が3けたの数76500

(6) 有効数字が4けたの数380000

(1)		(2)	
(3)		(4)	
(5)		(6)	

7 次の測定値は何の位まで測定したものか。(4点×2)

(1) 3.6×10^4 g

(2) 2.30×10^2 cm

(1)		(2)	

定期テスト予想問題

別冊解答 P.10

目標時間	得点
40分	／100点

❶ 次の計算をしなさい。(5点×8)

(1) $\sqrt{(-9)^2}$

(2) $-\sqrt{0.04}$

(3) $\sqrt{75} \div \sqrt{5} \times 3$

(4) $\sqrt{24} + \sqrt{6} - \sqrt{150}$

(5) $\dfrac{1}{\sqrt{2}} + \dfrac{3}{\sqrt{2}}$

(6) $\sqrt{5} - \dfrac{6}{\sqrt{5}}$

(7) $-\sqrt{3} \times 4 + \sqrt{27}$

(8) $\sqrt{32} \div \sqrt{4} \div \sqrt{4}$

(1)		(2)		(3)		(4)	
(5)		(6)		(7)		(8)	

よくでる ❷ aを自然数とするとき，次の問いに答えなさい。(6点×2)

(1) $2.8 < \sqrt{a} < 4$をみたすaをすべて求めなさい。

(2) $\sqrt{25-a}$ が自然数となるようなaをすべて求めなさい。

(1)		(2)	

❸ 次の問いに答えなさい。(7点×2)

(1) $a=\sqrt{3}+2$ のとき，$a^2-4a-12$ の値を求めなさい。

(2) $x=\sqrt{3}+\sqrt{2}$，$y=\sqrt{3}-\sqrt{2}$ とするとき，x^2-xy+y^2 の値を求めなさい。

(1)		(2)	

❹ 次の問いに答えなさい。(7点×2)

(1) $5-\sqrt{5}$ の小数部分を求めなさい。

(2) $\sqrt{10}$ の小数部分をaとするとき，$a(a+6)$ の値を求めなさい。

(1)		(2)	

❺ ある三角形の高さを，1 mm 未満を四捨五入して測ったところ，124 mm であった。これについて，次の問いに答えなさい。(4点×3)

(1) 真の高さをa mmとするとき，aの値の範囲を不等号を使って表しなさい。

(2) 誤差の絶対値は大きくてもどのくらいと考えられるか。

(3) 有効数字がわかるように，（整数部分が1けたの数）×（10の累乗）の形で表しなさい。

(1)	
(2)	(3)

❻ 一の位が0でない2けたの自然数Aがあり，この数の十の位の数字と一の位の数字を入れかえた数をBとする。$\sqrt{A+B}$ と $\sqrt{A-B}$ がともに自然数になるとき，Aの値を求めなさい。

（秋田県）(8点)

1 2次方程式とその解き方

STEP 1 要点チェック

1 2次方程式

① **2次方程式**：式を整理して(2次式)＝0の形に変形できる方程式。

② 2次方程式は，一般に$ax^2 + bx + c = 0$(ただし，$a \neq 0$)の形で表される。

③ 2次方程式が成り立つ文字の値を，その方程式の解という。

> **ミス注意!** 代入した結果が右辺と等しいかを必ず確認する。

2 平方根の考えを使った解き方

① $ax^2 + c = 0$の形をした2次方程式は，平方根の考えを用いて解く。

> 例 $2x^2 - 8 = 0$ ← -8を移項
> $2x^2 = 8$
> $x^2 = 4$
> $x = \pm 2$

② $(x + a)^2 = c$の形をした2次方程式は，( )の中をひとかたまりとみて解く。

> 例 $(x + 3)^2 = 16$ $x + 3$をひとかたまりとみる。
> $x + 3 = \pm 4$
> $x = -3 + 4, \ -3 - 4$
> $x = 1, \ -7$

③ $x^2 + px + q = 0$の形をした2次方程式は，②の形に変形して解く。

> 例 $x^2 - 2x - 5 = 0$を解く。
> $x^2 - 2x = 5$
> $x^2 - 2x + 1 = 5 + 1$ ← 平方の形にするため両辺に1を加える。
> $(x - 1)^2 = 6$
> $x - 1 = \pm \sqrt{6}$
> $x = 1 \pm \sqrt{6}$

> **ポイント**
> 因数分解の公式を用いるために，xの係数の半分を2乗した数を両辺に加える。

3 2次方程式の解の公式

 おぼえる!

① 2次方程式$ax^2 + bx + c = 0$の解は，$x = \dfrac{-b \pm \sqrt{b^2 - 4ac}}{2a}$

> 例 $x^2 + 3x + 1 = 0$を解く。$a = 1$，$b = 3$，$c = 1$を代入して，
> $x = \dfrac{-3 \pm \sqrt{3^2 - 4 \times 1 \times 1}}{2 \times 1} = \dfrac{-3 \pm \sqrt{5}}{2}$

> **ポイント**
> 根号の中を整理することを忘れないようにする。

4 因数分解による解き方

① 2次方程式$ax^2 + bx + c = 0$が因数分解できるとき，$AB = 0$ならば$A = 0$または$B = 0$を用いて解く。

> $x^2 + (a + b)x + ab = 0$
> $(x + a)(x + b) = 0$
> $x + a = 0$または$x + b = 0$より，$x = -a, \ -b$

> **ポイント**
> 因数分解の公式
> (i) $x^2 + (a + b)x + ab = (x + a)(x + b)$
> (ii) $x^2 + 2ax + a^2 = (x + a)^2$
> (iii) $x^2 - 2ax + a^2 = (x - a)^2$
> (iv) $x^2 - a^2 = (x + a)(x - a)$

テストの 要点 を書いて確認   別冊解答 P.12

① 次の2次方程式を解きなさい。

(1) $3x^2 = 45$ 〔   〕   (2) $x^2 + 2x - 1 = 0$ 〔   〕

STEP 2 基本問題

得点 ／100点

1 次の2次方程式を解きなさい。(6点×3)

(1) $4x^2 = 16$ [   ]

(2) $3x^2 - 27 = 0$ [   ]

(3) $4x^2 - 49 = 0$ [   ]

2 次の2次方程式を平方の形にして解きなさい。(8点×4)

(1) $x^2 + 2x - 3 = 0$ [   ]

(2) $x^2 - 6x - 1 = 0$ [   ]

(3) $2x^2 + 20x + 2 = 0$ [   ]

(4) $3x^2 + 6x - 24 = 0$ [   ]

3 2次方程式の解の公式を利用して，次の2次方程式を解きなさい。

(8点×4)

(1) $x^2 - 3x + 1 = 0$ [   ]

(2) $x^2 = 4x + 3$ [   ]

(3) $2x^2 + 4x + 1 = 0$ [   ]

(4) $3x^2 + x - 1 = 0$ [   ]

4 次の2次方程式を因数分解を利用して解きなさい。(6点×3)

(1) $11x^2 + 121x = 0$ [   ]

(2) $(x - 2)(x + 5) = 0$ [   ]

(3) $x^2 - 9x + 20 = 0$ [   ]

第3章 1 2次方程式とその解き方

1 左辺を文字の項だけ，右辺を数だけに変形する。

2 $(x + a)^2 = c$ の形に変形する。

🔑**カギ** 平方の形にするためには，x の係数の半分の2乗した数を両辺に加える。

3 $ax^2 + bx + c = 0$ の解は，

$$x = \frac{-b \pm \sqrt{b^2 - 4ac}}{2a}$$

🔑**カギ** 解の公式を利用する。そのとき，a, b, c の代入を正しく行う。

4 $AB = 0$ ならば $A = 0$ または $B = 0$ を利用する。

🔑**カギ** 共通因数でくくり出す場合や，因数分解の公式を利用する場合を考えよう。

STEP 3 得点アップ問題

1 次の**2次方程式を解きなさい。**(4点×4)

(1) $3x^2 - 18 = 0$

(2) $4x^2 = 27$

(3) $5x^2 - 28 = 0$

(4) $6x^2 - \dfrac{3}{2} = 0$

(1)		(2)		(3)		(4)	

2 次の**2次方程式を平方の形にして解きなさい。**(5点×4)

(1) $x^2 - 4x - 8 = 0$

(2) $x^2 + 3x - 2 = 0$

(3) $2x^2 - x - 1 = 0$

(4) $3x^2 - \dfrac{2}{3}x - \dfrac{1}{3} = 0$

(1)		(2)		(3)		(4)	

よくでる **3** 次の**2次方程式を解の公式を利用して解きなさい。**(5点×4)

(1) $x^2 + 3x - 5 = 0$

(2) $x^2 - 6x + 4 = 0$

(3) $3x^2 + 4x - 1 = 0$

(4) $5x^2 + 6x + 1 = 0$

(1)		(2)		(3)		(4)	

4 次の2次方程式を解きなさい。（6点×4）

(1) $x^2 - 5x - 14 = 0$

(2) $0.3x^2 - 1.5x - 7.2 = 0$

(3) $(x-2)(x-5) = 4$

(4) $(x-2)^2 - 3(x+2) - 4 = 0$

(1)		(2)		(3)		(4)	

 5 2次方程式 $x^2 + ax + b = 0$ の2つの解が2，4であるとき，a，bの値をそれぞれ求めなさい。

（5点×2）

a		b	

6 2次方程式 $x^2 - 6x + 5 = 0$ の2つの解のうち，小さい方の解が1次方程式 $\dfrac{x+k}{2} - 4 = 2k + 3x$ の解であるとき，定数kの値を求めなさい。（10点）

② 2次方程式の利用

STEP 1 要点チェック

テスト
1週間前
から確認!

1 2次方程式の利用

① 数に関する問題や図形に関する問題などで2次方程式を用いて解く。

(ⅰ) 求める数を x とおく。

(ⅱ) 問題の条件から，残りの数を x を用いて表す。 ──→ (ⅴ)で用いる x の条件をみつける。 ポイント

(ⅲ)(ⅰ)，(ⅱ)の文字式を用いて，問題の条件から2次方程式をつくる。

(ⅳ)2次方程式の解を求める。

(ⅴ)(ⅳ)の解が問題にあうかどうか確かめる。

例 ①数に関する問題

　　大小2つの正の整数があり，その差は5で，積は104である。小さい方の数を求める。
　(ⅴ)で解の確かめをするときに用いる条件。 ──(ⅱ)── ──(ⅲ)──

　　小さい方の数を x とおくと，正の整数より，$\boxed{x>0}\cdots（ア）$
　　　　　　　(ⅰ)
　　大小2つの数の差が5より，大きい方の数は，$x+5$
　　　　　　　　　　　　　　　　　　　　　(ⅱ)
　　2つの数の積が104より，$\underline{x(x+5)=104}$
　　　　　　　　　　　　　　　(ⅲ)

> 大きい方の数を x とおく場合は，小さい数が $x-5$ となる。

　　$x(x+5)=104$

　　$x^2+5x-104=0$ ──→
　　$(x+13)(x-8)=0$ ◄──

> 因数分解の公式
> $x^2+(a+b)x+ab=(x+a)(x+b)$

　　$x=-13，8$ 　$\boxed{（ア）より，x>0 だから，x=8}$ よって，小さい方の数は8
　　　　　　　　　　　　　　　　　　　　　　　　　(ⅴ)

②図形に関する問題

　　縦が横より長い長方形があり，面積は96cm²で，周の長さが40cmのとき，縦の長さを求める。
　(ⅴ)で解の確かめをするときに用いる条件。 ──────(ⅲ)────── ────(ⅱ)────

　　縦の長さを $x$cm とおくと，$\boxed{縦が横より長い}$ ことから，
　(ⅰ)
　　$2x>40-2x$ より，$\boxed{x>10}\cdots（イ）$
　　また，横の長さは，$(40-2x)\div2=\underline{20-x}$(cm)
　　　　　　　　　　　　　　　　　　　　(ⅱ)
　　長方形の面積が96cm²より，$\underline{x(20-x)=96}$
　　　　　　　　　　　　　　　　　(ⅲ)

> 横の長さを x とおくと，縦の長さは，$20-x$(cm)

　　$20x-x^2-96=0$

　　$x^2-20x+96=0$ ──→
　　$(x-8)(x-12)=0$ ◄──

> 因数分解の公式
> $x^2+(a+b)x+ab=(x+a)(x+b)$

　　$x=8，12$ 　$\boxed{（イ）より，x>10 だから，x=12}$ よって，長方形の縦の長さは，12cm
　　　　　　　　　　　　　　　　　　　　　　　　　　(ⅴ)

テストの 要点 を書いて確認

別冊解答 P.14

① 大小2つの正の整数がある。2つの数の差が7で，積が98のとき，小さい方の数を求めなさい。

〔　　　　　〕

STEP
2
基本問題

テスト
5日前
から確認!

別冊解答 P.14

得点

／100点

第3章
2
2次方程式の利用

1 ある正の数を2乗してから8をたすと，もとの数の6倍になる。ある正の数をすべて求めなさい。（30点）

[　　　　　　　　　]

1
数の問題では，数についての条件を必ず確認する。
カギ x の条件を必ず答えの確認で用いることを忘れないようにする。

2 縦60cm，横80cmの長方形がある。この長方形の縦と横の長さをそれぞれ同じ長さだけ長くして，面積がもとの長方形の6倍になるようにする。このとき，長くした部分の長さは何cmか求めなさい。（30点）

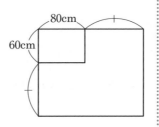

[　　　　　　　　　]

2
図形の問題では，長さが必ず正であることに注意する。

3 1辺が6cmの正方形がある。点Pと点Qが点Aを同時に出発し，点Pは点Bまで，点Qは点Dまでそれぞれ毎秒1cmの速さで進む。このとき，△APQの面積が8cm²になるのは，点P，Qが出発してから何秒後か求めなさい。（40点）

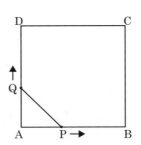

[　　　　　　　　　]

3
時間は必ず正であることに注意する。

STEP
3
得点アップ問題

テスト
3日前
から確認!

別冊解答 P.14

得点

／100点

1 ある正の数を2乗するところを，まちがえて2倍したため，正しい答えより24小さくなった。もとの正の数を求めなさい。(15点)

2 2つの正の整数がある。2つの整数の積が147で，和が28であるとき，この2つの整数を求めなさい。(15点)

3 半径6cmの円がある。この円の半径を大きくしていったところ，ある長さだけ長くしたときに円の面積が314cm²になった。このとき，長くした部分の長さを求めなさい。ただし，円周率を3.14とする。(15点)

4 ある高さから毎秒20mの速さでボールを投げおろしたところ，投げてからx秒後までにボールが落ちた距離は$20x+5x^2$（m）となる。このとき，ボールが落ちた距離が60mになるのは，ボールを投げてから何秒後か求めなさい。（15点）

5 縦12m，横15mの長方形の土地がある。右の図のように，この土地に同じ幅の道をつくったところ，残った土地の面積は108m²であった。このときの道の幅を求めなさい。（20点）

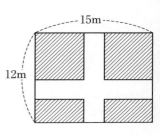

6 右の図のような1辺の長さが8cmの正方形ABCDで，点PはBを出発して毎秒1cmの速さでBA上をAまで動く。また点Qは点PがBを出発すると同時にAを出発し，Pの2倍の速さでAD上をDまで動く。点PがBから何cm動いたとき，△APQの面積が12cm²になるか。ただし，P，QはどちらかがそれぞれA，Dについたら動かないものとする。（20点）

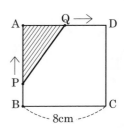

定期テスト予想問題

別冊解答 P.15

目標時間 45分

得点 ／100点

❶ 次の2次方程式を解きなさい。(5点×10)

(1) $8x^2 = 32$

(2) $4x^2 - 48 = 0$

(3) $\dfrac{1}{3}x^2 - 12 = 0$

(4) $(x + 4)^2 = 3$

(5) $x^2 - 2x = 6$

(6) $x^2 - 8x + 5 = 0$

(7) $2x^2 - 6x + 3 = 0$

(8) $5x^2 - 3x - 1 = 0$

(9) $x^2 + 12x + 36 = 0$

(10) $2x^2 - 14x - 120 = 0$

(1)		(2)		(3)		(4)	
(5)		(6)		(7)		(8)	
(9)		(10)					

❷ 2次方程式 $x^2 + ax + 8 = 0$ の解の1つが -4 であるとき，a の値を求めなさい。また，もう1つの解を求めなさい。(7点×2)

a		もう1つの解	

③ 2次方程式 $x^2+2x-2=0$ を解いたら，1つの解は $0<x<1$ の範囲にある。もう1つの解がふくまれる範囲を下のア〜エから選び，その記号を書きなさい。(山梨県)(7点)

  ア $-4<x<-3$ イ $-3<x<-2$

  ウ $-2<x<-1$ エ $-1<x<0$

④ 次のように1以上の奇数(きすう)を小さいほうから順に並べていく。

 1，3，5，7，9，11，……

 このとき，次の問いに答えなさい。(7点×3)

(1) 左から20番目の数を求めなさい。

(2) 左から n 番目の数を求めなさい。

(3) 1番目から n 番目までの数を加えたときの和が169になる。n の値を求めなさい。

(1)		(2)		(3)	

⑤ 右の図のように，正方形の紙の四すみを切り取る。1辺が2cmの正方形を切り取り，残りの部分を折って容器をつくると，その容積が128cm³になった。最初の正方形の紙の1辺の長さを求めなさい。(8点)

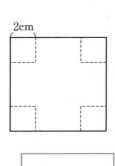

2cm

第3章 定期テスト予想問題

1 関数 $y = ax^2$ とその性質

STEP 1 要点チェック

テスト
1週間前
から確認!

1 関数 $y = ax^2$

① y が x の関数で，$y = ax^2$ と表されるとき，y は x の**2乗に比例する**という。
このとき，a を**比例定数**という。

例 y が x の2乗に比例し，$x = 2$ のとき $y = 12$ である。

このとき，$y = ax^2$ に $x = 2$，$y = 12$ を代入して，

$$12 = a \times 2^2$$
$$4a = 12 \qquad a = 3$$

よって，この関数の式は，$y = 3x^2$ と表される。

2 $y = ax^2$ のグラフ

① $y = x^2$ のグラフは，**原点**を通り，**y軸**について**対称**である。

② $y = ax^2$ のグラフは，**放物線**とよばれ，次のような特徴がある。

(i) **原点**を通る。

(ii) **y軸**について対称な曲線である。

(iii) $a > 0$ のとき→**上**に開いた形　$a < 0$ のとき→**下**に開いた形

(iv) a の絶対値が**大きい**ほど，グラフの開き方は**小さく**なる。

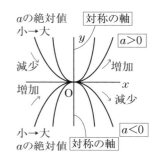

3 関数 $y = ax^2$ の値の変化と変域

① 関数 $y = ax^2$ の値の増減は a の正負によって決まる。

② x の変域が0をふくむ場合，y の変域は，$a > 0$ のとき**最小値0**，$a < 0$ のとき**最大値0**をとる。

x ＼ a	$a > 0$ のとき	$a < 0$ のとき
x の値が増加するとき	$x < 0$ で y は**減少**	$x < 0$ で y は**増加**
	$x > 0$ で y は**増加**	$x > 0$ で y は**減少**
0	最小値 0	最大値 0

4 変化の割合

① $\text{(変化の割合)} = \dfrac{(y \text{の増加量})}{(x \text{の増加量})}$ **おぼえる!**

② 1次関数の変化の割合は**一定**だが，関数 $y = ax^2$ の変化の割合は**一定ではない**。

例 関数 $y = x^2$ について，x が次のように増加するときの変化の割合を求める。

(i) 0から2まで

$$\text{(変化の割合)} = \frac{2^2 - 0^2}{2 - 0} = 2$$

(ii) 1から3まで

$$\text{(変化の割合)} = \frac{3^2 - 1^2}{3 - 1} = 4$$

テストの 要点 を書いて確認　　　　　　　　別冊解答 P.16

① 次の〔 〕にあてはまる数や言葉を答えなさい。

(1) y は x の2乗に比例し，$x = 2$ のとき $y = 2$ である。このとき，$y = $〔　　　　　〕

(2) $y = 3x^2$ について，x が1から3まで増加するときの変化の割合は〔　　　　　〕

STEP 2 基本問題

別冊解答 P.16

得点

／100点

1 次の関数の式を求めなさい。（10点×4）

(1) yはxの2乗に比例し，$x = -1$のとき$y = 2$　$\Big[\qquad\qquad\Big]$

(2) yはxの2乗に比例し，$x = 2$のとき$y = 8$　$\Big[\qquad\qquad\Big]$

(3) yはxの2乗に比例し，$x = -2$のとき$y = -4$　$\Big[\qquad\qquad\Big]$

(4) yはxの2乗に比例し，$x = 3$のとき$y = 3$　$\Big[\qquad\qquad\Big]$

1
$y = ax^2$ とおき，x, y の値をそれぞれ代入する。

2 次の問いに答えなさい。（10点×3）

(1) 関数$y = 4x^2$について，xが2から6まで増加するときの変化の割合を求めなさい。　$\Big[\qquad\qquad\Big]$

(2) 関数$y = -3x^2$について，xが-1から2まで増加するときの変化の割合を求めなさい。　$\Big[\qquad\qquad\Big]$

(3) 関数$y = \dfrac{1}{4}x^2$について，xが-2から4まで増加するときの変化の割合を求めなさい。　$\Big[\qquad\qquad\Big]$

2
（変化の割合）
$= \dfrac{（y\text{の増加量}）}{（x\text{の増加量}）}$

3 次の問いに答えなさい。（10点×3）

(1) 関数$y = 4x^2$について，xの変域が$1 \leqq x \leqq 4$のときのyの変域を答えなさい。　$\Big[\qquad\qquad\Big]$

(2) 関数$y = \dfrac{1}{3}x^2$について，xの変域が$-\dfrac{1}{3} \leqq x \leqq 1$のときの$y$の変域を答えなさい。　$\Big[\qquad\qquad\Big]$

(3) 関数$y = -\dfrac{1}{2}x^2$について，xの変域が$-2 \leqq x \leqq 3$のときのyの変域を答えなさい。　$\Big[\qquad\qquad\Big]$

3
$x = 0$ を変域にふくむ場合は注意する。

第**4**章

1

関数 $y = ax^2$ とその性質

1 次のそれぞれについて，yをxの式で表しなさい。 (4点×4)

(1) 半径$x$cmの球の表面積$y$cm²

(2) 底面の半径が$x$cm，高さが6cmの円錐の体積$y$cm³

(3) 1辺が$x$cmの立方体の表面積$y$cm²

(4) 1つの対角線の長さが$x$cmの正方形の面積$y$cm²

(1)		(2)		(3)		(4)	

2 関数$y = ax^2$のグラフが点$(3, 27)$を通る。このとき，次の問いに答えなさい。 (4点×4)

(1) aの値を求めなさい。

(2) $x = \dfrac{1}{2}$のとき，yの値を求めなさい。

(3) xが-2から1まで増加するときの変化の割合を求めなさい。

(4) xの変域が$-5 \leqq x \leqq \dfrac{1}{3}$のとき，$y$の変域を求めなさい。

(1)		(2)		(3)		(4)	

3 関数$y = ax^2$のグラフが点$(2, 1)$を通るとき，次の問いに答えなさい。 (4点×2)

(1) aの値を求めなさい。

(2) この関数のグラフをかきなさい。

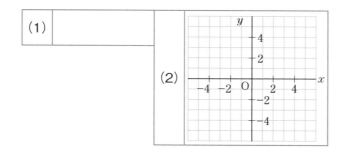

4 右の図のように，傾き−1の直線が関数 $y=\dfrac{1}{2}x^2$ のグラフと2点A，Bで交わっている。点A，Bのx座標がそれぞれ−3，1のとき，次の問いに答えなさい。 （(1)3点×2　(2)〜(5)6点×4）

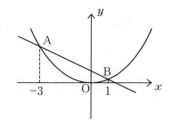

(1) 点A，Bの座標を求めなさい。

(2) 直線ABの式を求めなさい。

(3) 関数 $y=\dfrac{1}{2}x^2$ について，xが−1から3まで増加するときの変化の割合を求めなさい。

(4) 関数 $y=\dfrac{1}{2}x^2$ について，xの変域が$-3\leqq x\leqq1$のとき，yの変域を求めなさい。

(5) △OABの面積を求めなさい。

(1)	A		B		(2)	
(3)			(4)		(5)	

5 関数 $y=-3x^2$ について，次の問いに答えなさい。 （6点×3）

(1) xが−1から2まで増加するときの変化の割合を求めなさい。

(2) xが−3からaまで増加するときの変化の割合が6であった。このとき，aの値を求めなさい。ただし，aは−3以外の数とする。

(3) xがaから$a+2$まで増加するときの変化の割合が−9であった。このとき，aの値を求めなさい。

(1)		(2)		(3)	

6 関数 $y=-\dfrac{1}{2}x^2$ について，次の問いに答えなさい。（6点×2）

(1) xの変域が$a\leqq x\leqq-2$のとき，yの変域は$-18\leqq y\leqq-2$である。このとき，aの値を求めなさい。

(2) xの変域が$a\leqq x\leqq2$のとき，yの変域は$-50\leqq y\leqq0$である。このとき，aの値を求めなさい。

(1)		(2)	

② いろいろな関数の利用

STEP 1　要点チェック

1 身のまわりの関数 $y = ax^2$

① 自動車の制動距離は，速さの2乗に比例し，空走距離は速さに比例する。
　　　　　　　　　　　　　　→ $y = ax^2$

また，自動車がブレーキをかけてから停止するまでの距離は，

（停止距離）　＝　（空走距離）　＋　（制動距離）
　　　　　　　　　ブレーキが実際にきき　　ブレーキがきき始めてから
　　　　　　　　　始めるまでに進む距離　　止まるまでに進む距離

② 高いところから物を落とすとき，落ち始めてから x 秒間に落ちる距離は $y = 4.9x^2 (\text{m})$ となる。

例 高いところから物を落として2秒間に落ちる距離は，$y = 4.9x^2$ に $x = 2$ を代入して，

$$y = 4.9 \times 2^2$$
$$= 19.6 \quad \text{よって，19.6m落ちる。}$$

③ 平均の速さは，$(平均の速さ) = \dfrac{(進んだ距離)}{(かかった時間)}$ で求められる。

$(進んだ距離) = (y の増加量)$，$(かかった時間) = (x の増加量)$ だから，

平均の速さは変化の割合に等しい。　ポイント

例 高いところから物を落とすとき，落ち始めてから x 秒間に落ちる距離 y m は，$y = 4.9x^2$ である。落ち始めてから3秒後から5秒後までの平均の速さを求める。

$$(平均の速さ) = \frac{(進んだ距離)}{(かかった時間)} = \frac{4.9 \times 5^2 - 4.9 \times 3^2}{5 - 3} = 39.2 (\text{m/秒})$$

2 いろいろな関数

① 関数によっては，y がとびとびの値をとることもある。

② グラフで端の点を**ふくむ場合は●，ふくまない場合は○を**使って表す。

例 ある映画館の入場料が，0才以上6才未満は400円，6才以上12才未満は800円，12才以上18才未満は1200円のとき，年令を x 才，入場料を y 円とすると，グラフは右の図のようになる。

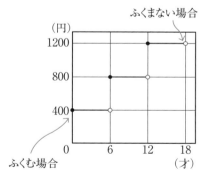

テストの 要点 を書いて確認

別冊解答 P.18

① 次の〔　〕にあてはまる数や言葉を答えなさい。

(1) 高いところから物を落とすとき，落とし始めてから x 秒後の距離 y m について，$y = 4.9x^2$ となる。物を落としてから5秒後までに落ちた距離は〔① 　　　　　〕m である。

(2) $(平均の速さ) = \dfrac{〔②　　　　　〕}{〔③　　　　　〕}$ であり，$y = ax^2$ の〔④ 　　　　　〕と同じである。

---

1 ある物体が落下し始めてからx秒間に落下した距離をymとすると，およそ$y=5x^2$で表される。このとき，次の問いに答えなさい。(16点×2)

(1) ある物体が，落下し始めてから最初の1秒間で落下する距離を求めなさい。

[   ]

(2) ある物体が落下し始めて2秒後から5秒後までの平均の速さを求めなさい。

[   ]

① 平均の速さは，変化の割合と等しい。

🔑 カギ　（平均の速さ）

$$=\frac{(進んだ距離)}{(かかった時間)}$$

---

2 右の図のような$y=\dfrac{1}{4}x^2$のグラフ上の原点O，A$(x,\ y)$，B$(0,\ 5)$を頂点とする△OABの面積をSとするとき，次の問いに答えなさい。

(17点×2)

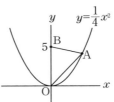

② yがxの関数のとき，xが決まればyは決まる。

(1) Sをxの式で表しなさい。

[   ]

(2) $S=10$のとき，Aの座標を求めなさい。

[   ]

---

3 ある水族館の入館料は，0才以上3才未満が無料，3才以上9才未満が600円，9才以上18才未満が900円，18才以上が1200円である。このとき，次の問いに答えなさい。(17点×2)

(1) 7才の子供1人の入館料を答えなさい。

[   ]

(2) 5才と9才，12才の兄弟の入館料の合計を答えなさい。

[   ]

③ 以上・以下・未満に注意する。

よくでる **1** 傾きが一定の斜面でボールを転がす。このとき，転がり始めてから x 秒間に転がる距離を y m とすると，y は x の2乗に比例する。また，転がり始めてから4秒間で転がる距離は24mである。このとき，次の問いに答えなさい。(5点×4)

（1） y を x の式で表しなさい。

（2）転がり始めてから54m進むのにかかる時間を求めなさい。

（3）転がり始めて1秒後から6秒後までの平均の速さを求めなさい。

（4）転がり始めて4秒後から6秒後までの平均の速さを求めなさい。

(1)		(2)		(3)		(4)	

2 ある駅を出発した電車は，出発してから30秒後まで，x 秒間に進む距離を y m とすると，y は x の2乗に比例する。また，この電車と同じ方向に秒速20mで進む自動車が，電車がこの駅を出発してから15秒後に駅を通過し，その15秒後に電車に追いついた。このとき，次の問いに答えなさい。

(6点×4)

（1）自動車が15秒間に進んだ距離は何mか求めなさい。

（2） y を x の式で表しなさい。

（3）電車が駅を出発してから16秒後から20秒後までの自動車の平均の速さを求めなさい。

（4）電車が駅を出発してから16秒後から20秒後までの電車の平均の速さを求めなさい。

(1)		(2)		(3)		(4)	

3 右の図で，△PQRはPQ＝QR＝2cmの直角二等辺三角形，四角形ABCDはAB＝2cm，BC＝8cmの長方形である。RとBが重なっている状態からスタートし，△PQRが矢印の方向に毎秒1cmの速さで進むとき，x秒後に長方形ABCDと△PQRの重なる部分の面積を$y$cm²とする。このとき，次の問いに答えなさい。 (6点×4)

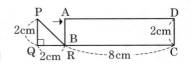

(1) はじめて$y＝0$となるのは何秒後か求めなさい。ただし，スタート時の状態は含まないものとする。

(2) $y＝2$となるときのxの変域を求めなさい。

(3) $0≦x≦2$のとき，yをxの式で表しなさい。

(4) $8≦x≦10$のとき，yをxの式で表しなさい。なお，答えは因数分解をし，できるだけ簡単な形で答えなさい。

(1)		(2)		(3)		(4)	

4 $y＝x^2$のグラフ上にx座標が－1，2となる点A，Bをとり，2点A，Bを通る直線をℓとする。また，ℓとy軸の交点をDとし，$y＝x^2$上にOE＝DEとなる点Eをとる。ただし，点Eのx座標を正とし，1目もりを1cmとする。このとき，次の問いに答えなさい。 ((1)4点×2 (2)〜(5)6点×4)

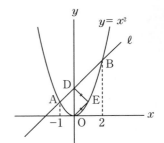

(1) 2点A，Bの座標をそれぞれ求めなさい。

(2) 直線ℓの式を求めなさい。

(3) △AODの面積を求めなさい。

(4) △AOBの面積を求めなさい。

(5) 点Eの座標を求めなさい。

(1)	A		B		(2)		(3)	
(4)		(5)						

定期テスト予想問題

別冊解答 P.20

目標時間 **45**分

得点 ／100点

よくでる ❶ y は x の2乗に比例し，$x=2$ のとき $y=2$ である。このとき，次の問いに答えなさい。

((1)～(3)6点×3，(4)(5)7点×2)

(1) y を x の式で表しなさい。

(2) $x = -3$ のとき，y の値を求めなさい。

(3) x の変域が $-6 \leqq x \leqq -4$ のとき，y の変域を求めなさい。

(4) x の変域が $-2 \leqq x \leqq 3$ のとき，y の変域を求めなさい。

(5) x が -6 から -4 まで増加するときの変化の割合を求めなさい。

(1)		(2)		(3)		(4)	
(5)							

❷ 関数 $y = ax^2$ について，次の場合の a の値を求めなさい。 (7点×4)

(1) $x = -4$ のとき $y = 32$

(2) x の値が -5 から -1 まで増加するときの変化の割合が12

(3) x の変域が $-2 \leqq x \leqq 1$ のときの y の変域が $-2 \leqq y \leqq 0$

(4) グラフが右の図のようになる。

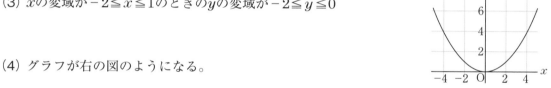

(1)		(2)		(3)		(4)	

3 一郎さんと次郎さんは右の図のような斜面で，A地点からボール を転がしている。この斜面では，ボールが転がり始めてから，x秒間に転がる距離をymとすると，xとyの間に $y = \dfrac{1}{4}x^2$ とい う関係があるという。

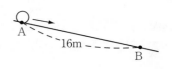

A地点から16m離れた地点をB地点として，次の問いに答えなさい。（富山県）（10点×4）

(1) ボールがA地点からB地点まで転がるときの，xとyの関係を表すグラフをかきなさい。

(2) 一郎さんは，ボールが転がり始めるのと同時にA地点を出発し，B地点に向かって一定の 速さで斜面を進んだところ，ボールが転がり始めてから6秒後に一郎さんとボールは同じ 地点を通過した。
このとき，次の問いに答えなさい。

① 一郎さんの進む速さは毎秒何mか，求めなさい。

② 次の文は，一郎さんとボールの進む様子について述べたものである。文中の ［ I ］， ［ II ］にあてはまる言葉の組み合わせとして正しいものを下のア～エから1つ選び， 記号で答えなさい。

> A地点から8mの地点を先に通過するのは ［ I ］ で，B地点に先に到着するのは ［ II ］ である。

	［ I ］	［ II ］
ア	ボール	ボール
イ	ボール	一郎さん
ウ	一郎さん	ボール
エ	一郎さん	一郎さん

(3) 次郎さんは，ボールが転がり始めてからしばらくしてA地点を出発し，B地点に向かって 毎秒4mの速さで斜面を進んだところ，ボールが転がり始めてから4秒後に，次郎さんと ボールは同じ地点を通過した。次郎さんがB地点に到着したときの，次郎さんとボールの 距離を求めなさい。

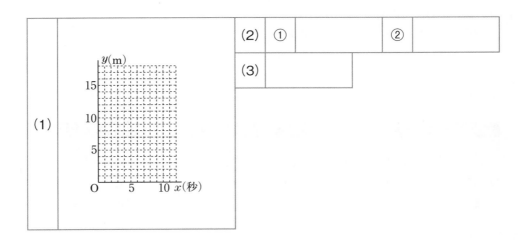

① 相似な図形

STEP 1 要点チェック

テスト
1週間前
から確認!

1 相似な図形

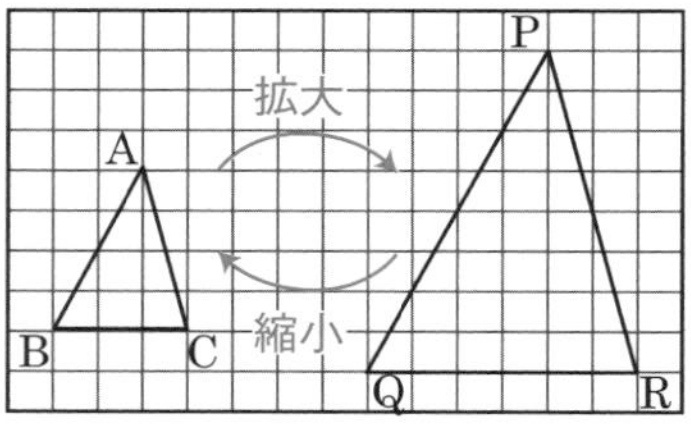

① **相似**：1つの図形を，**形を変えずに一定の割合に拡大，縮小**して得られる図形と，もとの図形との関係のこと。

② ∽は**相似**を表す記号で，△ABCと△PQRが相似であることを△ABC∽△PQRと表す。

③ 相似な図形では，**対応する部分の長さの比**はすべて等しく，**対応する角の大きさ**はそれぞれ等しい。

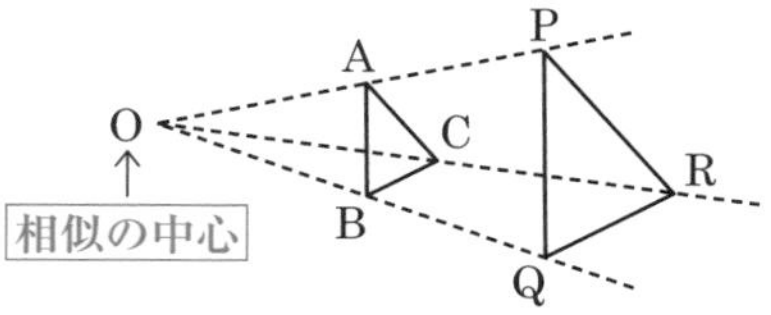

④ 右の図で，△ABCと△PQRは，Oを**相似の中心**として**相似の位置**にある。
Oから対応する点までの距離の比がすべて等しい。

⑤ 相似な図形で，対応する部分の長さの比を**相似比**という。
　例 右の図で，△ABC∽△PQRのときAB：PQ＝2：3
　　　　　　　　　　　　　　　　　　相似比

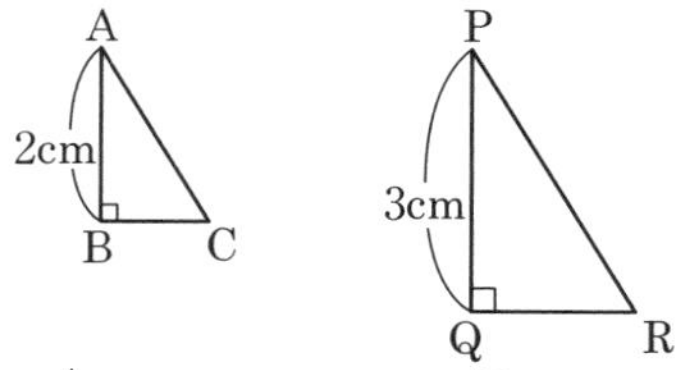

2 三角形の相似条件

① 2つの三角形は，次のどれかが成り立つとき相似である。
　（ i ） 3組の辺の比がすべて等しい。
　　　　$a : a' = b : b' = c : c'$
　（ ii ） 2組の辺の比とその間の角がそれぞれ等しい。　$\begin{cases} a : a' = c : c' \\ \angle B = \angle E \end{cases}$
　（iii ） 2組の角がそれぞれ等しい。　$\begin{cases} \angle B = \angle E \\ \angle C = \angle F \end{cases}$

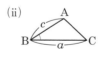
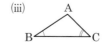
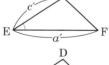
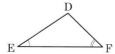

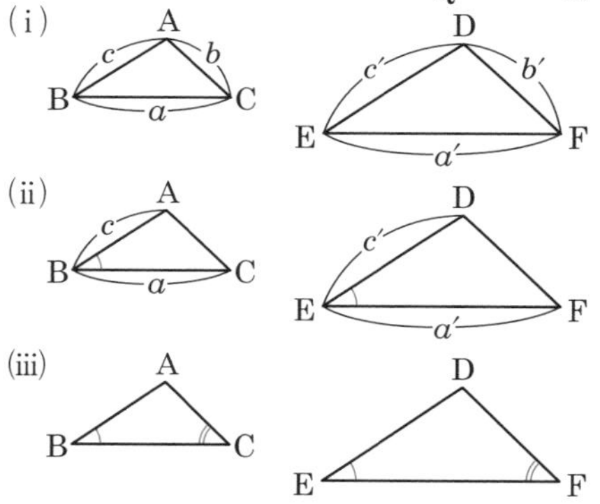

（ i ）
（ ii ）
（iii ）

3 相似の利用

① 相似な図形を用いて，直接には測定できない距離や高さを求めることができる。
　例 右の図で，△ABC∽△DEFである。
　　このとき，BC：EF＝AC：DF
　　　　　　　3：300＝4：DF
　　　　　　　DF＝400cm　よって，木の高さは4mである。

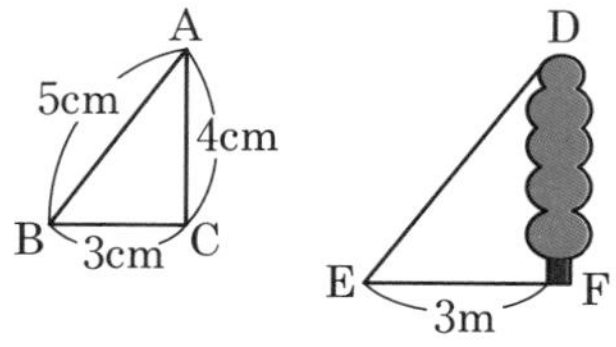

テストの 要点 を書いて確認　　　　　　　　　　　　別冊解答 P.21

① 次の〔　〕にあてはまる数や言葉を答えなさい。
　(1) △ABCと△DEFが相似なとき，対応する〔①　　　　　　〕と〔②　　　　　　〕が等しい。
　(2) △ABC∽△DEFでAB＝4cm，DE＝2cmのとき，△ABCと△DEFの相似比は
　　　〔③　　　　　　〕である。

STEP
2

基本問題

テスト
5日前
から確認!

別冊解答 P.21

得点

／100点

1 右の図で，△ABCと△EDFは相似である。このとき，次の問いに答えなさい。（14点×3）

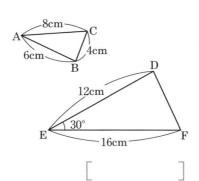

1
対応する辺や角の位置に注意する。
カギ 相似比は，対応する辺の比と等しい。

(1) ∠Aの大きさを求めなさい。　　　[　　　　　]

(2) DFの長さを求めなさい。　　　[　　　　　]

(3) △ABCと△EDFの相似比を答えなさい。　　[　　　　　]

2 次の図で，相似な三角形の組を1組選び，∽を使って答えなさい。また，そのとき使った相似条件を答えなさい。（14点×2）

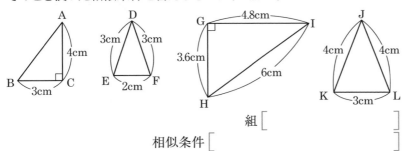

2
3つの相似条件のうちどれにあてはまるかを見つける。

組 [　　　　　]

相似条件 [　　　　　]

3 次の図のような台形EFGHの形をした土地がある。台形ABCDと台形EFGHの土地が相似であるとき，次の問いに答えなさい。（15点×2）

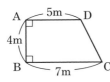 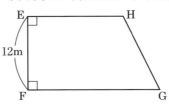

3
三角形の場合と同じように辺や角の対応に注意する。

(1) 台形ABCDと土地の相似比を求めなさい。　[　　　　　]

(2) FGの長さを求めなさい。　　　[　　　　　]

STEP
3
得点アップ問題

テスト
3日前
から確認！

別冊解答 P.21

得点

／100点

1 右の図について，次の問いに答えなさい。(8点×2)

(1) △ABCと相似な三角形をすべて答えなさい。

(2) CDの長さを求めなさい。

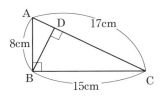

(1)		(2)	

2 右の図の四角形**ABCD**は長方形で，**E**は**AD**の中点である。**DB**と**EC**の交点を**F**とするとき，次の問いに答えなさい。

((1)16点，(2)9点)

(1) △DEF∽△BCFとなることを証明しなさい。

(2) EF：FCを求めなさい。

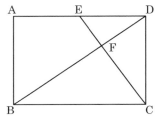

(1)	
(2)	

3 平行四辺形ABCDで，AE：ED＝4：1になるような点EをAD
上にとり，BEの延長とCDの延長との交点をFとする。
次の問いに答えなさい。((1)(2)16点×2，(3)9点)

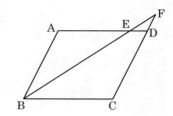

(1) △ABE∽△DFEとなることを証明しなさい。

(2) △EFD∽△BFCとなることを証明しなさい。

(3) FD：DCを求めなさい。

(1)	
(2)	
(3)	

4 P地点に棒を立てたところ，影ができた。棒の長さは90cm，
影の長さは120cmだった。次の問いに答えなさい。(9点×2)

(1) 身長が174cmの人がP地点に立ったときにできる影の長さ
を求めなさい。

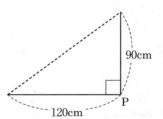

(2) ある人がP地点に立ったところ，影の長さが216cmになっ
た。この人の身長を求めなさい。

(1)		(2)	

2 平行線と比

テストがある日 月 日

STEP 1 要点チェック

テスト1週間前から確認!

1 三角形と比

① △ABCの辺AB，AC上の点をそれぞれD，Eとすると，つぎの(i)～(iv)が成り立つ。

(i) **DE // BCならばAD：AB＝AE：AC＝DE：BC** おぼえる!

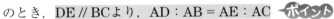

(ii) **AD：AB＝AE：AC ならばDE // BC**

(iii) **DE // BCならば AD：DB＝AE：EC**

(iv) **AD：DB＝AE：EC ならば DE // BC**

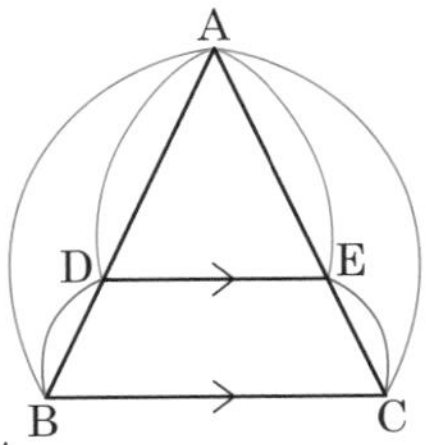

例 右の図で，△ABCでDE // BC，AB＝8cm，
AD＝6cm，AE＝4.5cm
のとき，DE // BCより，AD：AB＝AE：AC ポイント

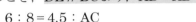

6：8＝4.5：AC

6×AC＝8×4.5

AC＝6(cm)

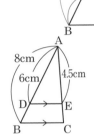

② **中点連結定理**：△ABCの2辺AB，ACの中点をそれぞれM，Nとすると，

$$\mathbf{MN \,//\, BC,\ MN = \frac{1}{2}BC}$$ おぼえる!

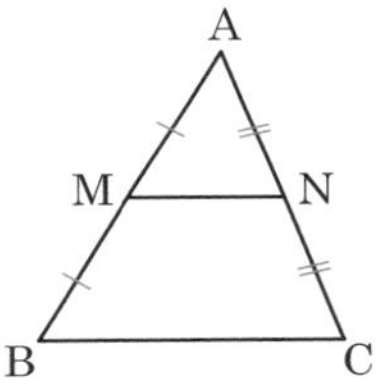

2 平行線と比

① 平行な3つの直線 a，b，c が直線 ℓ とそれぞれ A，B，C で交わり，
直線 ℓ' とそれぞれ A′，B′，C′ で交わるとき，
AB：BC＝A′B′：B′C′ おぼえる!

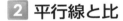

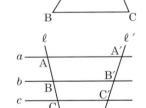

3 平行線と比の性質の利用

① 右の図で，ADが∠BACの二等分線であるとき，△ACEは二等辺三角形となるので，
AB：AC＝BD：DC おぼえる!

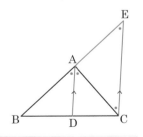

テストの要点を書いて確認

別冊解答 P.22

① 次の〔 〕にあてはまる記号や数を答えなさい。

右の図で，DE // BC ならば AD：AB＝DE：〔①　　　　〕

また，DE // BC ならば AD：DB＝〔②　　　　〕：ECとなり，

D，EがそれぞれAB，ACの中点のとき，DE＝〔③　　　〕BCとなる。

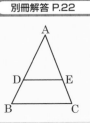

STEP
2

別冊解答 P.22

テスト
5日前
から確認!

得点

／100点

基本問題

1 次の図で **DE // BC** とする。このとき, x, yの値を求めなさい。(16点×2)

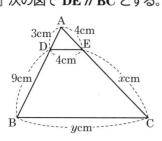

x [   ]

y [   ]

1
対応する辺をまちがえない
ようにする。
カギ DE//BC ならば
AD：DB＝AE：EC, AD：
AB＝AE：AC＝DE：BC
を利用する。対応する辺を
まちがえないよう注意する。

2 右の図で, **AD // EF // BC**, **E**は辺 **AB** の中点, **F** は辺 **DC** の中点である。また, **AC** と **EF** の交点を**G**とし, **AD＝8cm**, **BC＝14cm**のとき, 次の問いに答えなさい。(17点×2)

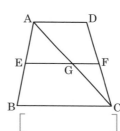

（1）**EG**の長さを求めなさい。

[   ]

（2）**EF**の長さを求めなさい。

[   ]

2
△ ABC と△ ACD にわけ
て,中点連結定理を利用する。

3 次の図で, **AB // CD**とする。このとき, x, yの値を求めなさい。

(17点×2)

x [   ]

y [   ]

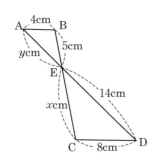

3
△ ABE と△ DCE は相似
である。

1 次の図で，xの値を求めなさい。（10点×2）

(1) DE // BC

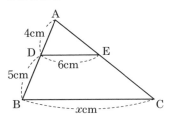

(2) ℓ // m // n

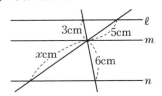

(1)		(2)	

2

上の図の平行四辺形ABCDで，BC：CE＝5：2 である。このとき，次の問いに答えなさい。

（11点×2）

(1) AG：GEを求めなさい。

(2) DF：FCを求めなさい。

(1)		(2)	

3 右の図の△ABCで，Dは辺ABの中点，Eは辺ACの中点である。
DCとEBの交点をFとする。
このとき，△DEF∽△CBFとなることを証明しなさい。（30点）

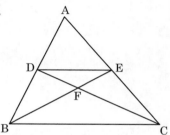

4 次の図のxの値を求めなさい。（14点×2）

(1) DE // BC，BEは∠ABCの二等分線

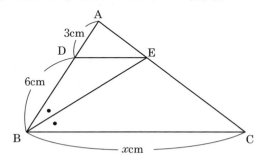

(2) AD // EF // BC，AE = EB，DF = FC

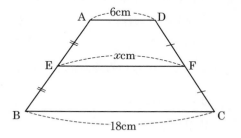

(1)		(2)	

第5章
2
平行線と比

61

3 相似な図形の面積と体積

STEP 1 要点チェック

テスト 1週間前 から確認!

1 相似な図形の相似比と面積比

① 相似な平面図形では，周の長さの比は相似比に等しく，面積比は相似比の2乗に等しい。

② 相似比が**m：n**ならば，周の長さの比は**m：n**，面積比は**$m^2：n^2$**　→おぼえる!

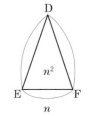

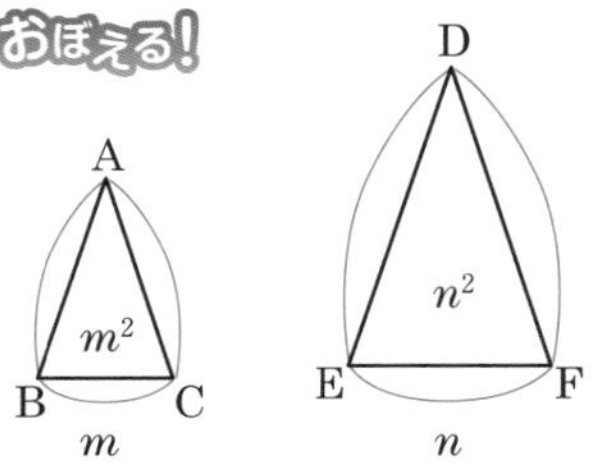

例 右の図で，△ABC∽△DEFである。

相似比が①：②のとき，△DEFの周の長さと面積を求める。

△ABCの周の長さは，$3+4+5=12$(cm)

相似比が①：②より，周の長さの比も①：②

よって，△DEFの周の長さは，$12×2=24$(cm)

次に，△ABCの面積は，$\frac{1}{2}×3×4=6$(cm^2)

相似比が①：②より，面積比は$1^2：2^2=①：④$

よって，△DEFの面積は，$6×4=24$(cm^2)

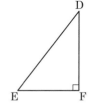

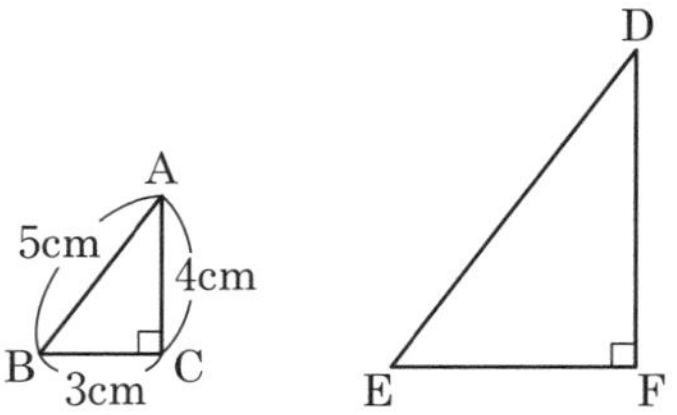

2 相似な立体の表面積や体積の比

① 相似な立体では，表面積の比は相似比の2乗に等しく，体積比は相似比の3乗に等しい。

② 相似比が**m：n**ならば，表面積の比は**$m^2：n^2$**，体積比は**$m^3：n^3$**　→おぼえる!

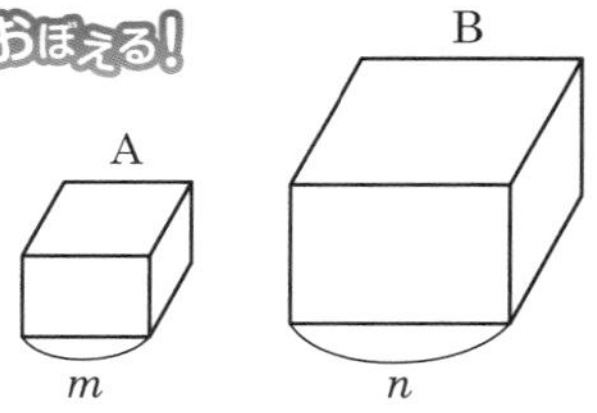

例 右の図で，円錐P，Qは相似である。PとQの相似比が②：③であるとき，円錐Qの表面積と体積を求める。

円錐Pの底面積は，$π×2^2=4π$(cm^2)

側面積は，$π×4×2=8π$(cm^2)

円錐Pの表面積は，$4π+8π=12π$(cm^2)

相似比が②：③より，表面積の比は$2^2：3^2=④：⑨$

よって，円錐Qの表面積は，$12π×\frac{9}{4}=27π$(cm^2)

また，円錐Pの体積は，$\frac{1}{3}×π×2^2×2\sqrt{3}=\frac{8\sqrt{3}}{3}π$(cm^3)

相似比が②：③より，体積比は，$2^3：3^3=⑧：㉗$

よって，円錐Qの体積は，$\frac{8\sqrt{3}}{3}π×\frac{27}{8}=9\sqrt{3}π$(cm^3)

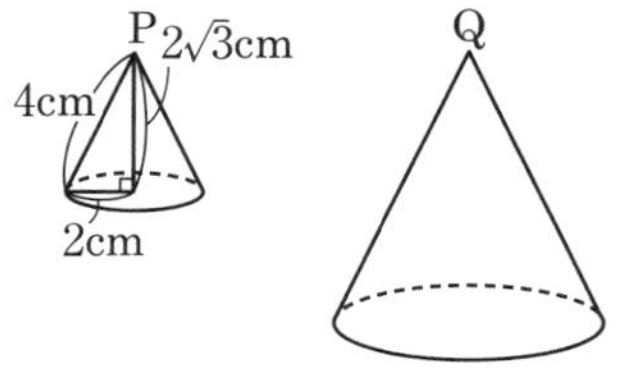

テストの要点を書いて確認

別冊解答 P.23

① 次の〔　〕にあてはまる比を答えなさい。

右の図で，円錐Pと円錐Qは相似である。

PとQの相似比は〔①　　　〕だから，表面積の比は

〔②　　　〕であり，体積比は〔③　　　〕である。

1 右の図で，△ABC∽△DEFである。
このとき，次の問いに答えなさい。

（14点×2）

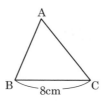

1
相似比が $m:n$ ならば，周の長さの比は $m:n$，面積比は $m^2:n^2$

(1) △ABCの周の長さが20cmのとき，△DEFの周の長さを求めなさい。

[　　　　　]

(2) △ABCの面積が48cm²のとき，△DEFの面積を求めなさい。

[　　　　　]

2 右の図で，点E，F，Gは，それぞれ辺AB，AC，ADの中点である。このとき，次の問いに答えなさい。（14点×3）

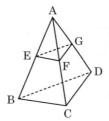

2
相似比が $m:n$ ならば，表面積の比は $m^2:n^2$，体積比は $m^3:n^3$

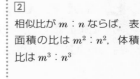

第5章
3
相似な図形の面積と体積

(1) 四面体AEFGと四面体ABCDの相似比を求めなさい。

[　　　　　]

(2) 四面体ABCDの表面積が64cm²のとき，四面体AEFGの表面積を求めなさい。

[　　　　　]

(3) 四面体ABCDの体積が128cm³のとき，四面体AEFGの体積を求めなさい。

[　　　　　]

3 右の図で，点Eは平行四辺形ABCDの辺BCの中点である。このとき，次の問いに答えなさい。（15点×2）

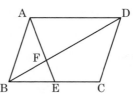
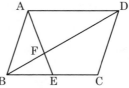

3
点Eが中点であることをもとにして，相似比を考える。
🔑カギ　相似な図形の面積比を利用する。

(1) △AFDと△EFBの相似比を求めなさい。

[　　　　　]

(2) △EFBの面積が7cm²のとき，△AFDの面積を求めなさい。

STEP
3
得点アップ問題

テスト
3日前
から確認!

別冊解答 P.24

得点

／100点

1 右の図でAD ∥ BC，AD：BC＝3：4，△ADEの面積が18cm²であ
る。このとき，次の問いに答えなさい。(4点×3)

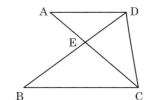

(1) △CDEの面積を求めなさい。

(2) △BECの面積を求めなさい。

(3) AとBを結ぶとき，台形ABCDの面積を求めなさい。

(1)		(2)		(3)	

2 右の図で，AB ∥ DEで，BE：EC＝1：2である。△CDEの面積が
12cm²のとき，次の問いに答えなさい。(5点×3)

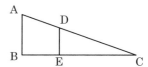

(1) △ABCの面積は何cm²か求めなさい。

(2) BCを軸に△CDEを1回転してできた立体の体積が16πcm³のとき，BCを軸に△ABCを
1回転してできた立体の体積は何cm³か求めなさい。

(3) (2)のとき，四角形ABEDをBCを軸に1回転させてできる立体は何cm³か答えなさい。

(1)		(2)		(3)	

3 右の図のような円錐の形をした容器に**32πcm³**の水を入れたと
ころ，水面の高さが**6cm**になった。このとき，次の問いに答え
なさい。(5点×3)

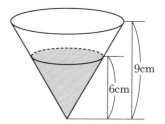

(1) 底面積と水面の面積の比を求めなさい。

(2) この容器の容積を求めなさい。

(3) この容器をいっぱいにするのに必要な水の量はあと何cm³か求めなさい。

(1)		(2)		(3)	

4 右の図で，平行四辺形ABCD の辺 AB を1：2にわける点
をEとする。DEとACの交点をF，BFの延長と辺ADの交
点をGとする。△AEFの面積が5cm²のとき，次の問いに
答えなさい。(7点×3)

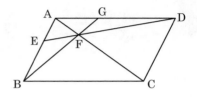

(1) △CDFの面積は何cm²か求めなさい。

(2) △AFGの面積は何cm²か求めなさい。

(3) △BCFの面積は何cm²か求めなさい。

(1)		(2)		(3)	

5 右の図で，AD∥BC，DE：EC＝1：4，AD：BC＝3：4で，△CEF
の面積は9cm²である。このとき，次の問いに答えなさい。(8点×2)

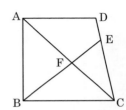

(1) △BCFの面積を求めなさい。

(2) 台形ABCDの面積を求めなさい。

(1)		(2)	

6 右の図で，四面体ABCDはAB＝AC＝ADである。四面体ABCDを
点Pを通り，底面BCDと平行な平面で切る。このとき，次の問いに答え
なさい。(7点×3)

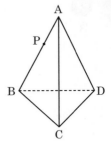

(1) AP：PB＝1：2のとき，切り口の面積は底面積の何倍か求めなさい。

(2) (1)で四面体ABCDの体積が81cm³のとき，大きい方の立体の体積
は何cm³か求めなさい。

(3) 小さい方の立体の体積が四面体ABCDの$\frac{8}{27}$倍のとき，AP：PBを求めなさい。

(1)		(2)		(3)	

定期テスト予想問題

別冊解答 P.25

目標時間 **45**分

得点 ／100点

❶ 右の図で，△ABCは∠A＝90°である。また，頂点Aから
辺BCに垂線ADをひく。

このとき，△ABC∽△DBA，△ABC∽△DAC，
△DBA∽△DACとなることを証明しなさい。（30点）

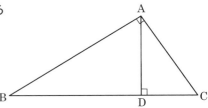

❷ 次の図でxの値を求めなさい。（15点×2）

(1)

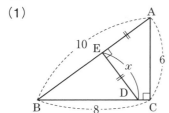

(2)

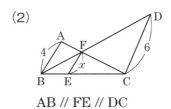

AB // FE // DC

(1)		(2)	

❸ 右の図で，ℓ // m // n のとき x の値を求めなさい。（10点）

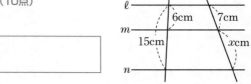

❹ 右の図のように，正三角形 ABC の辺 BC 上の点を D とし，AD を 1辺とする正三角形 ADF をつくる。DF と AC の交点を E とするとき，△DCE ∽ △AFE となることを証明しなさい。（20点）

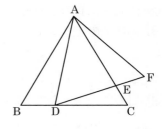

❺ 深さが24cmの円錐の形をした容器がある。この容器に120cm³の水を入れたところ，右の図のように水面の高さが12cmになった。あと何cm³の水を入れると，この容器はいっぱいになるか求めなさい。

（10点）

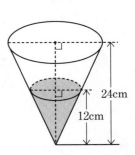

1 円周角の定理

STEP 1 要点チェック

テスト
1週間前
から確認!

1 円周角の定理

① $\overset{\frown}{AB}$を円周角∠APBに対する**弧**という。

② **円周角**：右の図の円Oで，$\overset{\frown}{AB}$に対する∠APB

③ **円周角の定理**：1つの弧に対する**円周角**の大きさは一定で，

その弧に対する**中心角**の大きさの半分。

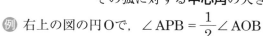

例 右上の図の円Oで，$\angle APB = \dfrac{1}{2} \angle AOB$

④ 右の図のような場合にも

$$\angle APB = \dfrac{1}{2} \angle AOB$$

が成り立つことに注意する。

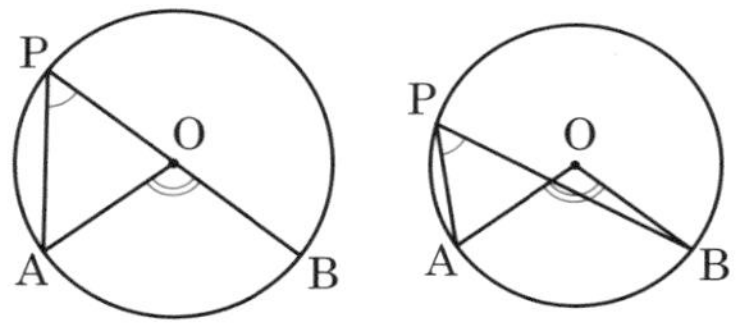

⑤ 円周角と弧の関係

（ⅰ）**等しい円周角に対する弧は等しい。**

（ⅱ）**等しい弧に対する円周角は等しい。**

 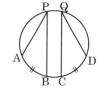

　　∠APB＝∠CQD のとき，$\overset{\frown}{AB} = \overset{\frown}{CD}$　　　$\overset{\frown}{AB} = \overset{\frown}{CD}$ のとき，∠APB＝∠CQD

⑥ **直径と円周角の関係**：右の図で，線分ABが円Oの直径であるとき，

∠APB＝90° である。おぼえる!

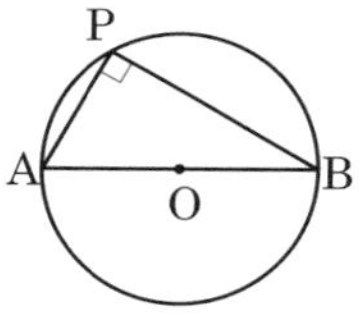

2 円周角の定理の逆

① **円周角の定理の逆**：右の図で，**∠APB＝∠AQBならば，**

4点A，B，Q，Pは1つの円周上にある。

例 右の図の四角形ABCDで，∠ADB＝∠ACBならば，

4点A，B，C，Dは1つの円周上にある。

 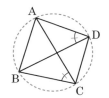

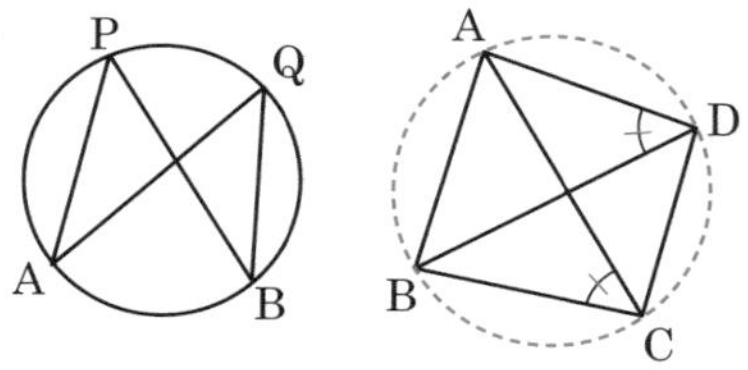

テストの 要点 を書いて確認

別冊解答 P.26

① 次の〔　〕にあてはまる角度を答えなさい。

(1) 右の図で，∠APBの大きさは〔　　　　　〕である。

(2) $\overset{\frown}{AC} = \overset{\frown}{CB}$ のとき，∠AQC ＝〔　　　　　〕である。

STEP 2 基本問題

得点
／100点

---

1 次の図で∠xの大きさをそれぞれ求めなさい。（10点×2）

(1)

[　　　　　　　　　]

(2)

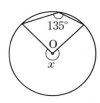

[　　　　　　　　　]

> **1**
> 中心角と円周角の関係に注目する。
> **カギ** どの弧に対する円周角であるかをまず確認する。

2 次の図で∠x，∠yの大きさをそれぞれ求めなさい。（15点×4）

(1)

∠x [　　　　　]
∠y [　　　　　]

(2)

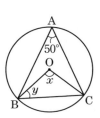

∠x [　　　　　]
∠y [　　　　　]

> **2**
> (2)は二等辺三角形の性質を利用する。

第6章
1
円周角の定理

3 次の①～③のうち，4点 **A**，**B**，**C**，**D**が同じ円周上にあるものをすべて選びなさい。（20点）

①

②

③

> **3**
> どの角が等しいかで，円周角の定理の逆が成り立つかが決まる。

[　　　　　　　　　]

得点アップ問題

1 次の図の∠xの大きさをそれぞれ求めなさい。（7点×8）

(1)

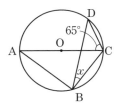

(2)

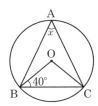

(3)

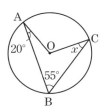

(4)

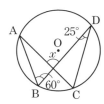

(5)

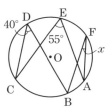

(6)

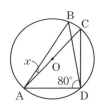

(7)

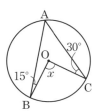

(8)

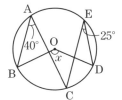

(1)		(2)		(3)		(4)	
(5)		(6)		(7)		(8)	

2 次の図の∠*x*の大きさをそれぞれ求めなさい。(7点×2)

(1)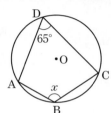

(2)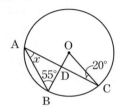

(1)		(2)	

3 次の図で∠*x*，∠*y*の大きさを求めなさい。(7点×2)

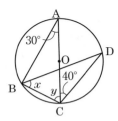

∠*x*		∠*y*	

4 次の図の∠*x*の大きさをそれぞれ求めなさい。(8点×2)

(1)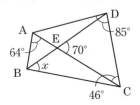

(2)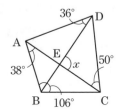

(1)		(2)	

② 円周角の定理の利用

STEP 1 要点チェック

テスト1週間前から確認!

1 円と接線

① 円外の１点から，その円にひいた**２本の接線の長さは**
等しくなる。

② 円の外部の点Aからひいた接線の作図の方法

 (ⅰ) 線分AOの中点O′をとり，AOを直径とする円O′をかく。

 (ⅱ) 円Oと円O′の交点をP，Qとし，直線AP，AQをひく。

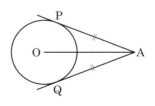

 (ⅰ)   (ⅱ)

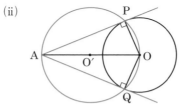

AO が直径より，
∠APO＝∠AQO＝90°
となるので，AP，AQ は
円 O の接線である。

③ (ⅱ)の図で，**AP＝AQ**となる。

2 円と相似

① 円周上の４点を結んでできる三角形には，相似な三角形がある。

 円の性質を用いて証明の根拠とする。 ◀ポイント

例 右の図で，４点A，B，C，Dは円周上の点である。

 このとき，△ABPと△DCPについて，

  〔円周角の定理〕より，

   ∠BAP＝∠CDP … ①

   ∠ABP＝∠DCP … ②

  ①，②より，２組の角が

  それぞれ等しいことから，

   △ABP∽△DCP

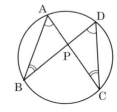

ポイント
⌢BC，⌢ADに対する円周角が等しいこと
を用いて，証明の根拠としている。

テストの **要点** を書いて確認   別冊解答 P.27

① 次の〔 〕にあてはまる数を答えなさい。

右の図で，点Pから円Oにひいた２本の接線を
PA，PBとするとき，∠x＝〔   〕である。

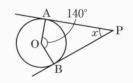

基本問題

---

1 右の図で，△ABCは，辺AB，BC，CAがそ
れぞれ点P，Q，Rで円Oに接している。
△ABCの辺の長さの和が18cmのとき，次の
問いに答えなさい。（11点×3）

> 1
> 円外の１点からひいた２本
> の接線の長さが等しいこと
> を利用する。

（1）AP＝2cmのとき，ARの長さは何cmですか。　［　　　　　］

（2）BQ＝3cmのとき，BPの長さは何cmですか。　［　　　　　］

（3）線分CQの長さは何cmですか。　［　　　　　］

---

2 右の図で，ACとBDの交点をPとする。

AP＝4cm，AB＝7cm，CD=6cmのとき，次の問い
に答えなさい。（(1)(3)11点×2　(2)12点）

> 2
> 円周角の定理を用いて相似
> な図形を見つけ出す。
> **カギ** 相似な図形の対
> 応する辺の長さの比は等し
> いことを利用する。

（1）△ABPと相似な三角形はどれですか。　［　　　　　］

（2）(1)の相似条件を答えなさい。　［　　　　　］

（3）DPの長さを求めなさい。　［　　　　　］

---

3 右の図で，△ACE∽△BDEを証明します。次の
〔　〕にあてはまる言葉を答えなさい。（11点×3）

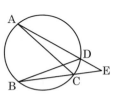

> 3
> 円周角の定理から，どの相
> 似条件が使えるかを考える。

△ACEと△BDEについて，円周角の定理より，

　∠CAE＝〔①　　　　　〕　　　　　①［　　　　　］
共通な角は等しいことから，

　∠AEC＝〔②　　　　　〕　　　　　②［　　　　　］
よって，〔③　　　　　〕ので，　③［　　　　　］
　△ACE∽△BDE

1 下の図で点 **P** を通り，円 **O** に接する接線を作図しなさい。 （22点）

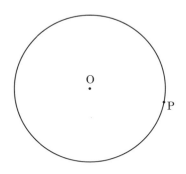

2 右の図で，△**ABC**は，辺 **AB**，**BC**，**CA**がそれぞれ点 **P**，**Q**，**R**で
円**O**に接している。**BQ＝3cm**，**QC＝11cm**，**AB＝8cm**である。
このとき，次の問いに答えなさい。 （9点×3）

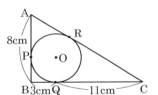

（1）BPの長さは何cmですか。

（2）ARの長さは何cmですか。

（3）△ABCの周の長さは何cmですか。

(1)		(2)		(3)	

3 右の図で，線分**CP**は円**O**の接線である。また，線分**AC**は円**O**の直径である。このとき，△**ACP** ∽ △**CBP**を証明しなさい。(17点)

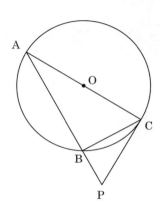

4 右の図で，線分**AC**と線分**BD**は点**E**で垂直に交わっている。また，点**D**から線分**BC**に垂線**DF**をひき，線分**AC**の交点を**G**とする。このとき，△**DEG** ∽ △**CBA**を証明しなさい。(17点)

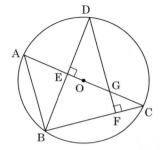

5 右の図で，**AB** ∥ **CD**である。線分**AC**と円**O**の交点を**E**とする。このとき，△**ABC** ∽ △**BED**を証明しなさい。(17点)

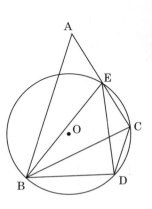

別冊解答 P.28

定期テスト予想問題

目標時間 **40**分 | 得点 ／100点

❶ 次の図の∠xの大きさを求めなさい。(8点×6)

(1)
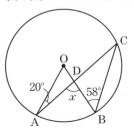

(2)
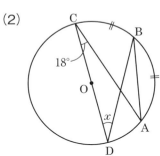

$\overset{\frown}{AB} : \overset{\frown}{BC} = 1 : 1$

(3)
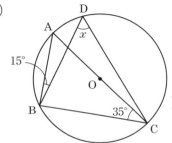

(4)
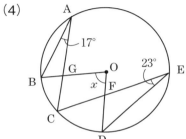

(5)
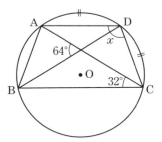

(6)
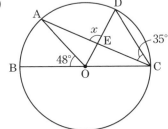

(1)		(2)		(3)		(4)	
(5)		(6)					

2 右の図のように，円Oで弦ADとBCが点Eで交わっているとする。このとき，∠AECは $\overset{\frown}{AC}$ に対する円周角と， $\overset{\frown}{BD}$ に対する円周角の和であることを証明しなさい。（12点）

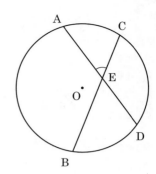

3 右の図のように，点A，B，Cを円Oの円周上にとり，∠BACの二等分線と円Oとの交点をDとする。
このとき，△DBCは二等辺三角形であることを証明しなさい。（18点）

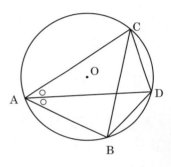

4 右の図で，点Oは線分ABを直径とする半円の中心であり，2点C，Dは半円の周上の点である。線分ADと線分BCの交点をE，線分ADと線分OCの交点をFとする。△CDF∽△ECFであることを証明しなさい。（山口県）（22点）

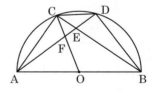

1 三平方の定理

STEP 1 要点チェック

1 三平方の定理

① 三平方の定理：直角三角形の直角をはさむ2辺の長さを
(ピタゴラスの定理) a, b, **斜辺の長さをcとすると**，

$$a^2 + b^2 = c^2$$ おぼえる！

が成り立つ。

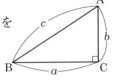

ミス注意！ もっとも長い辺が斜辺で，その長さがcであることに注意する。

例 右の図の直角三角形ABCで，辺ABの長さを求める。

三平方の定理より，

$AB^2 = BC^2 + CA^2$ ← 三平方の定理

$AB^2 = 4^2 + 3^2 = 16 + 9 = 25$

$AB^2 = 25$

AB > 0より，$AB = \sqrt{25} = 5\,cm$

ポイント ABは斜辺なので，定理のうちcにあたる

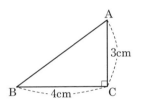

2 三平方の定理の逆

① 三平方の定理の逆：三角形の3辺の長さa, b, cの間に
$a^2 + b^2 = c^2$が成り立てば，その三角形は**長さcの辺を斜辺とする直角三角形**である。

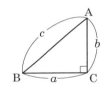

例 3辺の長さが3cm，6cm，7cmの三角形がある。この三角形が直角三角形であるかどうかを調べる。

もっとも長い辺が斜辺だから，三平方の定理で$c = 7$として，$a = 3$，$b = 6$，とすると，

$$a^2 + b^2 = 3^2 + 6^2$$
$$= 9 + 36$$
$$= 45$$
$$c^2 = 7^2 = 49$$

a, b, cは必ず2乗する。 **ミス注意！**

$a^2 + b^2 = 45$，$c^2 = 49$となり，$a^2 + b^2$とc^2は等しくない。

よって，三角形は直角三角形ではない。

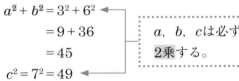

テストの 要点 を書いて確認

別冊解答 P.29

① 次の〔　〕にあてはまる式や言葉を答えなさい。

3辺が$a\,cm$，$b\,cm$，$c\,cm$(斜辺)の直角三角形では，〔①　　　　　〕という式が成り立ち，これを〔②　　　　　〕という。逆に，①の式が成り立つとき，この三角形は〔③　　　　　〕である。

STEP
2
基本問題

テスト
5日前
から確認!

▶ 別冊解答 P.29

得点

／100点

1 次の図の x の値を求めなさい。(10点×4)

(1)

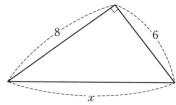

[   ]

(2)

[   ]

(3)

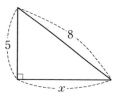

[   ]

(4)

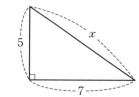

[   ]

2 次の長さを3辺とする三角形が,直角三角形になるかを調べなさい。

(20点×3)

(1) 4cm, 7cm, $2\sqrt{10}$ cm   [   ]

(2) 5cm, 12cm, 15cm   [   ]

(3) 9cm, 12cm, 15cm   [   ]

1

斜辺を c として,
$a^2 + b^2 = c^2$ を用いて求める。

🔑**カギ** どの辺の長さが c にあたるかに注意する。
(1)の3:4:5を覚えておくとよいでしょう。

2

$a^2 + b^2 = c^2$ が成り立つかを調べればよい。

得点アップ問題

 1 次の図で，xの値を求めなさい。（6点×6）

(1)
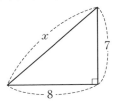

(2)
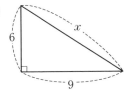

 (3)
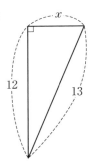

(4)
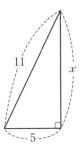

 (5)

(6)

(1)		(2)		(3)		(4)	
(5)		(6)					

2 次の長さを 3 辺とする三角形のうち，直角三角形になるものをすべて選びなさい。（10点）

ア　4cm，12cm，13cm

イ　6cm，8cm，9cm

ウ　1cm，2.4cm，2.6cm

エ　3cm，7cm，$2\sqrt{10}$ cm

3 次の図で，xの値を求めなさい。（9点×4）

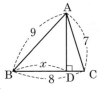

(1)

(2)
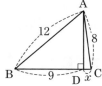

(3)
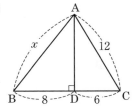

(4)
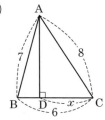

(1)		(2)		(3)		(4)	

難 **4** 右の図のように，正方形ABCDの辺AB，BC，CD，DA上に，
点E，F，G，Hをとる。

   AE＝BF＝CG＝DH＝a，

   EB＝FC＝GD＝HA＝b

とし，EF＝cとする。

このとき，$a^2＋b^2＝c^2$が成り立つことを，面積を用いて証明しな
さい。（18点）

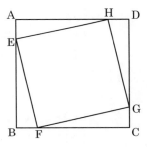

2 三平方の定理の利用

STEP 1 要点チェック

テスト1週間前から確認!

1 三平方の定理の利用

① 図形のなかに直角三角形をつくり，辺の長さを求める。

例 右の図で，長方形ABCDの対角線BDの長さを求める。

$BD^2 = 3^2 + 5^2 = 34$ ← 三平方の定理

$BD > 0$ より，$BD = \sqrt{34}$ cm

② 3つの角が(i)45°，45°，90°の直角三角形と，(ii)30°，60°，90°の直角三角形は，辺の比が決まっている。

おぼえる!

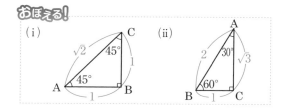
(i) (ii)

③ 2点の座標から**2点間の距離**を求める。

例 A(1, 1)，B(4, 3)の距離を求める。

Cを (4, 1) とする。（**B**のx座標，**A**のy座標）ポイント

$AC = 4 - 1 = 3$ $BC = 3 - 1 = 2$ より，$AB^2 = 3^2 + 2^2 = 13$

$AB > 0$ より，$AB = \sqrt{13}$

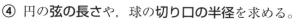

④ 円の**弦の長さ**や，球の**切り口の半径**を求める。

⑤ 直方体や立方体の**対角線の長さ**を求める。

例 △FGHについて，$FH^2 = 2^2 + 4^2 = 20$

△BFHについて，$BH^2 = BF^2 + FH^2 = 2^2 + 20 = 24$

$BH > 0$ より，$BH = \sqrt{24} = 2\sqrt{6}$ (cm)

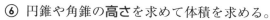

⑥ 円錐や角錐の**高さ**を求めて体積を求める。

⑦ 直方体の表面を通って2点間を結ぶときの**最短経路**を求める。

例 右の図の直方体に，点Aから辺BCを通って点Gまで糸をかけるとき，糸が最短となる長さを求める。

直方体の展開図は，右の図のようになり，糸が**最短**のとき，糸の長さは，**線分AGの長さ**と等しくなる。

よって，△AFGについて，$AG^2 = (3 + 3)^2 + 6^2 = 36 + 36 = 72$

$AG > 0$ より，$AG = \sqrt{72} = 6\sqrt{2}$ (cm)

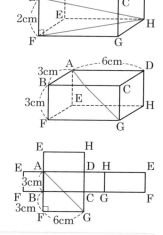

テストの 要点 を書いて確認

別冊解答 P.31

① 次の〔 〕にあてはまる数を答えなさい。

右の図で，直方体の対角線AGの長さを求める。

△EFGで，$EG^2 = 〔①$ 〕 △AEGで，$AG^2 = 〔②$ 〕

$AG > 0$ より，$AG = 〔③$ 〕 cm

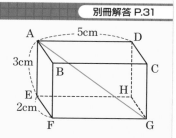

STEP
2

基本問題

テスト
5日前
から確認！

別冊解答 P.31

得点

／100点

1 右の図の三角形**ABC**は正三角形である。このとき，
高さ**AH**の長さを求めなさい。（25点）

[　　　　　　]

1
△ABH で，30°，60°，90° の直角三角形の辺の比から求める。

2 次の図で，xの値を求めなさい。ただし，**O**を円の中心とする。（25点×2）

[　　　　　　]

(1)

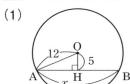

2
直角三角形を見つけて三平方の定理を用いる。

✎カギ

(1) 点 H は弦 AB の中点だから，AB = 2AH

(2)

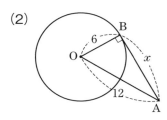

[　　　　　　]

3 次の図の，円錐の体積を求めなさい。（25点）

[　　　　　　]

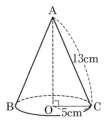

3
△ AOC で三平方の定理を使って AO の長さを求めてから体積を求める。

得点アップ問題

別冊解答 P.31

1 右の図の三角形で，次の面積や長さをそれぞれ求めなさい。

(11点×2)

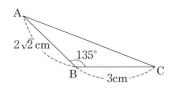

(1) △ABCの面積

(2) 辺ACの長さ

(1)		(2)	

2 次の2点間の距離を求めなさい。(10点×2)

(1) A(2, 4), B(−3, 1)

(2) C(−2, 5), D(2, −1)

(1)		(2)	

よくでる **3** 次の直方体の対角線 **AG** の長さを求めなさい。(10点)

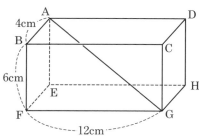

4 右の図の正四角錐について，次の問いに答えなさい。(12点×2)

(1) OHの長さを求めなさい。

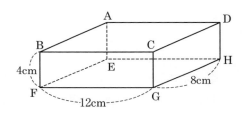

(2) この立体の体積を求めなさい。

(1)		(2)	

5 右の図のような直方体の頂点**B**から辺**CG**，**DH**を通って頂点**E**まで線をひく。その線の長さが最短になるときの長さを求めなさい。(12点)

6 右の図のような**AB**を高さとする円柱がある。点**A**から側面にそって1周して点**B**まで線をひく。その線の長さが最短になるときの長さを求めなさい。ただし，この円柱の底面の円周を**40cm**とする。(12点)

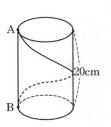

定期テスト予想問題

別冊解答 P.32

目標時間	得点
45分	／100点

1 次の図のxの値を求めなさい。(5点×2)

(1)

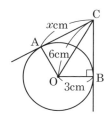

(2)

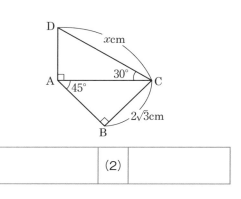

(1)		(2)	

2 次の問いに答えなさい。(10点×2)

(1) 1辺が4cmの正三角形の面積を求めなさい。

(2) 右の図の三角形の面積を求めなさい。

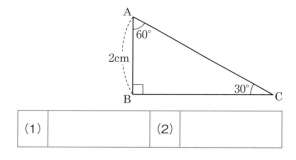

(1)		(2)	

3 右の図のような2点 A(2, 5), B(6, 3)がある。AP＋BPの長さが最小になる点Pをx軸上にとったときのPの座標とAP＋BPの長さを求めなさい。(10点×2)

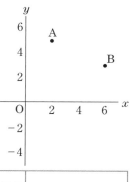

P		長さ	

4 右の図のように，**AB＝4cm**，**BC＝6cm**の長方形**ABCD**を，頂点**C**が頂点**A**に重なるように折り，そのときの折り目を**EF**とする。このとき，**BE**の長さを求めなさい。

（10点）

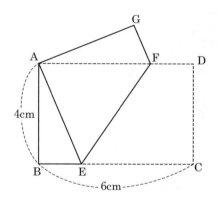

5 右の図のような半径が**6cm**の球をある平面で切ったところ，この切り口の円の半径が**2cm**になった。最下点から何**cm**の高さを切ったのか求めなさい。（10点）

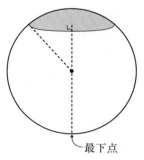

└最下点

入試に出る! **6** 右の図は，すべての辺の長さが**8cm**の正四角錐**OABCD**であり，点**H**は底面**ABCD**の2つの対角線**AC**，**BD**の交点である。点**P**は辺**OC**上にあって，**OP＝6cm**である。また，辺**OB**上に点**Q**を，2つの線分**AQ**，**QP**の長さの和が最小となるようにとる。このとき，次の各問いに答えなさい。ただし，根号がつくときは，根号のついたままで答えること。（熊本県）（10点×3）

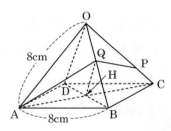

（1）対角線**BD**の長さを求めなさい。

（2）線分**OQ**と線分**QB**の長さの比**OQ：QB**を求めなさい。答えは最も簡単な整数比で表すこと。

（3）線分**QH**の長さを求めなさい。

(1)		(2)		(3)	

1 標本調査

STEP 1 要点チェック

テスト1週間前から確認!

1 標本調査

① 全体からかたよりのないように**一部分を取り出す**ことを無作為に抽出するという。

② 標本調査：集団のうち**一部分を調査して，全体を推測する**調査。

  例 世論調査は，国民全員に調査すると手間・費用・時間がかかるので，標本調査を行い全体の傾向を推測する。

③ 全数調査：調査の対象となっている**集団全部に行う**調査。

  例 国勢調査は，全国民を対象に行う全数調査。

ポイント

標本調査と全数調査のちがいは，調査対象の範囲である。

④ 母集団：標本調査の対象となる**集団全体**。

⑤ 標本：母集団から取り出した**一部分**の資料。

⑥ 取り出した資料の個数のことを，**標本の大きさ**という。

  例 人口12000人の町について，アンケートを行うとき，300人を選んで調査した。
      　　母集団　　　　　　　　　　　　　　　　　　　　　　標本

2 標本調査の方法

① 標本調査は，母集団から標本を**無作為に抽出**しなければならない。

  かたよりのないように抽出するため，**乱数表，乱数さい，コンピュータ**を使う方法がある。

3 標本調査の利用

① 日常のさまざまなことがらについて，標本調査を行った結果から母集団の傾向を推測することができる。

  例 袋の中に，赤色，白色の玉が合計で500個入っている。このうち，20個を取り出したところ，赤色の玉が12個入っていた。

ポイント

(標本の比率)=(母集団の比率)

  取り出した玉のうち，赤玉の割合は，$\dfrac{12}{20} = \dfrac{3}{5}$

  したがって，赤色の玉の全部の個数は，$500 \times \dfrac{3}{5} = 300$(個)と推測できる。

テストの **要点** を書いて確認

別冊解答 P.33

① 次の〔　　〕にあてはまる言葉を答えなさい。

集団のうち一部分を調査して全体を推測する調査を〔①　　　〕といい，集団全部に行う調査を〔②　　　〕という。

② 袋の中に，赤色，青色の玉が合計で400個入っている。このうち，50個を取り出したところ，赤玉が10個入っていた。このとき，赤玉の全部の個数は〔　　　　〕個と推測できる。

1 次の調査について，標本調査と全数調査のどちらが適しているかそれぞれ答えなさい。（12点×4）

（1）電池の寿命調査

（2）ある川の水質調査

［　　　　　］

（3）選挙速報の出口調査

［　　　　　］

（4）学校の志望校調査

［　　　　　］

［　　　　　］

1 標本調査は一部分，全数調査は全体を調査することに注目する。

カギ 全数調査と標本調査のちがいに注目して，どちらが適しているかを判断する。

2 袋の中に白球だけがたくさん入っている。白球と同じ大きさの赤球を45個入れ，よくかき混ぜた後，袋の中から20個の球を取り出したところ，赤球が2個ふくまれていた。（13点×2）

（1）取り出した20個のうち赤球の割合を答えなさい。

［　　　　　］

（2）袋の中に入っていた白球の個数を推測しなさい。

［　　　　　］

2 袋の中の白球と赤球の比率が取り出した球の比率と同じと考える。

3 グレープ味のあめとりんご味のあめが合わせて450個袋の中に入っている。この袋の中から27個のあめを無作為に抽出したところ，12個がりんご味のあめだった。（13点×2）

（1）取り出した27個のうちりんご味のあめの割合を答えなさい。

［　　　　　］

（2）袋の中に入っていたりんご味のあめは何個だと推測できるか。

［　　　　　］

3 標本の比率と全体の比率が等しいと考える。

第8章 1 標本調査

STEP
3
得点アップ問題

テスト
3日前
から確認!

別冊解答 P.33

得点
／100点

 1 次の調査を標本調査と全数調査のうち，適切な調査にわけなさい。 (10点×2)

ⓐ　プリンの品質調査

ⓘ　ある学校の生徒の通学手段調査

ⓤ　タイヤの強度調査

ⓔ　国勢調査

標本調査		全数調査	

2 ある中学校の3年の男子生徒64人の中から，くじびきで8人を選び，体重を測定したら，次のようであった。

　52，56，47，68，55，54，71，49　（単位はkg）

このことから，この中学校の3年の男子生徒64人の体重の平均は，およそ何kgであると考えられるか。 (16点)

3 箱の中に，赤と青のビー玉が合わせて400個入っている。よくかき混ぜた後，この中から何個かのビー玉を取り出すと，赤のビー玉が18個，青のビー玉が14個だった。箱の中には，およそ何個の青のビー玉が入っていると考えられるか。 (16点)

4 池の魚の数を調べることにした。まず，576匹の魚を捕獲し，これに印をつけて池に戻した。次の日に，648匹の魚を捕獲すると，印のついた魚が54匹いた。この池には，およそ何匹の魚がいると考えられるか。四捨五入により100匹単位で答えなさい。（16点）

5 袋の中に赤玉と白玉があわせて1000個入っている。この袋の中から20個の玉を無作為に抽出し，赤玉の個数を調べた後，抽出した20個の玉をすべてもとの袋にもどす。
この操作をくり返しおこなったところ，赤玉の個数の平均は1回あたり4個となった。
このとき，袋の中の赤玉の個数は，何個と推測できるか。（16点）

6 袋の中に白玉だけがたくさん入っている。白玉の個数を推測するために，同じ大きさの赤玉50個を白玉の入っている袋の中に入れて，その中から30個の玉を無作為に抽出し，白玉と赤玉の個数を調べた後に袋の中にもどすことを数回おこなったところ，平均して赤玉は5個入っていた。この結果をもとにして，もともと袋の中に入っていた白玉の個数は，およそ何個と推測できるか答えなさい。（16点）

定期テスト予想問題

別冊解答 P.34

目標時間 **45**分

得点 ／100点

❶ 袋の中に赤玉と白玉が合わせて400個入っている。これをよくかき混ぜてから取り出したところ，赤玉12個，白玉8個であった。この袋の中には最初白玉が何個入っていたと推測できるか答えなさい。（15点）

❷ ペットボトルのキャップで，同じ大きさのものをたくさん集めた。そのうち625個が白色のキャップだった。集めたキャップを全部袋に入れ，その中から240個のキャップを無作為に抽出したところ，白色のキャップが50個ふくまれていた。集めたキャップの個数は，およそ何個と推測されるか。下のア～エの中から適切なものを選び，その記号を答えなさい。（15点）

  ア　およそ1500個   イ　およそ3000個
  ウ　およそ4000個   エ　およそ5000個

よくでる ❸ 袋の中に同じ大きさのビー玉がたくさん入っている。袋の中からビー玉を200個取り出して，その全部に印をつけてもとに戻し，よくかき混ぜた後，袋の中からビー玉を45個取り出したところ，その中に印のついたビー玉は9個あった。この袋の中にはおよそ何個のビー玉が入っていたと考えられるか，答えなさい。（15点）

4 学生の人数が8500人の大学で，無作為に300人を抽出し，ある日の午後8時に何をしていたかについて標本調査を行い，300人すべてから回答を得た。下の表は，その結果である。

このとき，この大学のすべての学生のうち，運動をしていたのは，およそ何人と考えられるか，十の位の数を四捨五入して答えなさい。(15点)

	食事	運動	読書	その他	何もしていない	合計
学生の人数（人）	128	40	52	48	32	300

5 袋の中に，同じ大きさの赤玉と白玉が合わせて500個入っている。袋の中の玉をよくかき混ぜてから32個取り出したとき，白玉の個数は8個だった。袋の中には赤玉と白玉がそれぞれ何個入っていたと推測されるか，答えなさい。(10点×2)

赤玉		白玉	

6 袋の中に黒玉だけがたくさん入っている。その個数を数える代わりに，同じ大きさの白玉500個を黒玉の入っている袋の中に入れ，よくかき混ぜた後，その中から100個の玉を無作為に抽出して調べたら，白玉が15個含まれていた。標本と母集団の白玉の割合が等しいと考えて，袋の中の黒玉の個数を計算し，十の位を四捨五入して答えなさい。(山梨県) (20点)

入試対策問題①

別冊解答 P.35

目標時間	得点
45 分	／100点

中1 中2 中3 **1** 次の計算をしなさい。(9)〜(12)は因数分解をしなさい。(2点×16)

(1) $5 \times (-2) - 6$　（宮城県）

(2) $-2^2 \times \dfrac{1}{8}$　（岩手県）

(3) $-\dfrac{3}{8} \div \left(-\dfrac{1}{4}\right)$　（和歌山県）

(4) $-3^2 \times \dfrac{4}{9} + 8$　（東京都）

(5) $(ab^2 + 2b) \div b$　（宮城県）

(6) $(-2xy)^2 \div \dfrac{x^2 y}{4}$　（石川県）

(7) $(a+1)(a-2) - \dfrac{(2a-1)^2}{4}$　（神奈川県）

(8) $(12x^2 + 9x) \div 3x$　（山口県）

(9) $x^2 - 3x - 10$　（和歌山県）

(10) $a^2 - a - 12$　（鳥取県）

(11) $27x^2 - 3$　（香川県）

(12) $16x^2 - 9$　（佐賀県）

(13) $\sqrt{24} + \sqrt{6}$　（栃木県）

(14) $\sqrt{45} - \sqrt{5}$　（大阪府）

(15) $\sqrt{27} + \sqrt{48} - \sqrt{3}$　（福岡県）

(16) $\sqrt{6} \times \sqrt{3} + \dfrac{10}{\sqrt{2}}$　（鹿児島県）

(1)	(2)	(3)	(4)
(5)	(6)	(7)	(8)
(9)	(10)	(11)	(12)
(13)	(14)	(15)	(16)

中1 中3 **2** 次の方程式を解きなさい。(3点×6)

(1) $x + 6 = 3x - 8$　（東京都）

(2) $\dfrac{3}{4}x + 3 = 2 - x$　（大分県）

(3) $x^2 - 5x = 24$　（青森県）

(4) $2x^2 + 3x - 4 = 0$　（滋賀県）

(5) $3x^2 + 7x + 1 = 0$　（埼玉県）

(6) $(x+3)(x-3) = -2x - 1$　（山形県）

(1)	(2)	(3)	(4)
(5)	(6)		

3 箱の中に，$\boxed{1}$，$\boxed{2}$，$\boxed{4}$，$\boxed{5}$，$\boxed{6}$と書かれたカードが1枚ずつ，合計5枚入っている。この箱から1枚のカードを取り出し，箱にもどさずに続けてもう1枚のカードを取り出す。このとき，次の問いに答えよ。

（福井県）(4点×2)

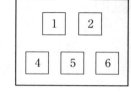

(1) 取り出した順に2枚のカードを並べるとき，その並べ方は全部で何通りあるか。

(2) 取り出した1枚目のカードに書かれている数字をx，2枚目のカードに書かれている数字をyとして，(x, y)を座標とする点をPとする。さらに，$(3, 3)$を座標とする点をAとしたとき，2点A，Pを通る直線の傾きが正の数になる確率を求めよ。ただし，カードの取り出し方は，同様に確からしいとする。

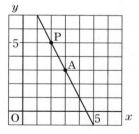

(例) 1枚目のカードが$\boxed{2}$，2枚目のカードが$\boxed{5}$のときは，図のように点Pの座標は$(2, 5)$で，2点A，Pを通る直線の傾きは-2となる。

(1)		(2)	

4 右の図のように，AB＝ACの二等辺三角形ABCがあり，2辺AC，BCをそれぞれ1辺とする正方形ACDE，BFGCを二等辺三角形ABCの外側につくる。また，点Aと点Fを結び△ABFを，点Bと点Dを結び△DCBをそれぞれつくる。

このとき，△ABF≡△DCBであることを証明せよ。（愛媛県）(8点)

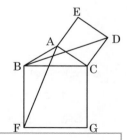

中3 **5** 美紀さんは，郵便局で職場体験活動をしたとき，郵便物の区分や重量によって料金が異なることに興味をもった。右の表は，そのことをクラスで発表するために作成したものである。

区分	重量	料金
定形郵便物	25gまで	80円
	50gまで	90円
定形外郵便物	50gまで	120円
	100gまで	140円
	150gまで	200円
	250gまで	240円
	500gまで	390円

このとき，次の(1)，(2)に答えなさい。**(和歌山県)**(2点×3)

(1) 20gの定形郵便物と200gの定形外郵便物を，それぞれ1通送るとき，料金の合計はいくらになるか，求めなさい。

(2) 40gの定形郵便物と80gの定形外郵便物を，合わせて20通送ったところ，料金は合計2200円かかった。40gの定形郵便物と80gの定形外郵便物を，それぞれ何通送ったか，求めなさい。

(1)		(2)	40g	80g

中3 **6** 右の図で，放物線は関数 $y = x^2$ のグラフであり，2点 A，B はこの放物線上の点である。点 A の座標は $(-1, 1)$ であり，点 B の x 座標は1より大きい。2点 A，B を通る直線を ℓ，原点を O として，各問いに答えよ。**(奈良県)**

(4点×3)

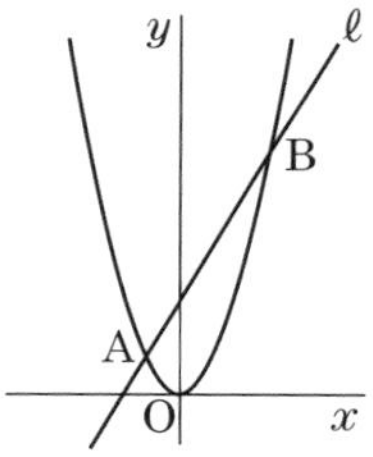

(1) 関数 $y = x^2$ について，x の変域が $-1 \leq x \leq 2$ のときの y の変域を求めよ。

(2) 点 B の座標が $(3, 9)$ のとき，直線 ℓ の式を求めよ。

(3) 点 A を通り x 軸に平行な直線と放物線との交点で，A 以外の点を C とする。四角形 BAOC の面積が12のとき，点 B の x 座標を求めよ。

(1)		(2)		(3)	

7 右の図のように，三角すいABCDがあり，辺AB，AC，AD上にそれ
ぞれ点E，F，Gを，

　　AE：EB＝AF：FC＝AG：GD＝2：1

となるようにとる。

このとき，三角錐AEFGと三角錐ABCDの体積の比を求めなさい。

（富山県）(8点)

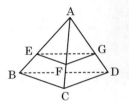

 8 袋の中に，同じ大きさの白玉と赤玉が合わせて300個入っています。この袋の中の玉を母集団
とする標本調査を行って，白玉と赤玉のそれぞれの個数を推測します。袋の中の玉を，よくか
き混ぜてから40個取り出したとき，白玉の個数は16個でした。この標本調査の結果から，母集
団の傾向として，袋の中には白玉と赤玉がそれぞれ何個入っていたと推測されますか，求めな
さい。（北海道）(4点×2)

白玉	赤玉

入試対策問題 2

中1 中2 中3 **1** 次の計算をしなさい。(9)〜(12)は因数分解をしなさい。(2点×14)

(1) $(-5) \times (-2) + 7$　（三重県）

(2) $-4 \times (-3)^2$　（長野県）

(3) $6 + 24 \div (-3)$　（静岡県）

(4) $(-4)^2 + 3^2$　（山梨県）

(5) $7x + 6y - 3(4x - y)$　（山梨県）

(6) $(-2xy)^2 \div xy^2$　（大阪府）

(7) $\dfrac{3x - y}{2} - \dfrac{4x - 2y}{3}$　（群馬県）

(8) $(x + 2)^2 - (x + 3)(x - 4)$　（神奈川県）

(9) $ax^2 - 2ax - 8a$　（福井県）

(10) $x^2 - 10x + 21$　（大阪府）

(11) $x^2 - 11x + 24$　（茨城県）

(12) $x^2 - 6x - 16$　（京都府）

(13) $\sqrt{20} - \sqrt{5}$　（富山県）

(14) $\dfrac{\sqrt{54}}{2} + \sqrt{\dfrac{3}{2}}$　（石川県）

(1)		(2)		(3)		(4)	
(5)		(6)		(7)		(8)	
(9)		(10)		(11)		(12)	
(13)		(14)					

中1 中3 **2** 次の方程式を解きなさい。(3点×6)

(1) $-3x + 7 = 2x + 17$　（沖縄県）

(2) $\dfrac{3x + 2}{5} = \dfrac{2x - 1}{3}$　（大阪府）

(3) $x^2 - 7x + 12 = 0$　（岩手県）

(4) $(x + 2)^2 = 36$　（東京都）

(5) $2x^2 + 1 = 6x$　（静岡県）

(6) $x^2 - 2x + 1 = 7 - x$　（三重県）

(1)		(2)		(3)		(4)	
(5)		(6)					

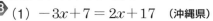

中3 **3** 右の図において，①は関数 $y=ax^2$（$0<a<2$）のグラフであり，
②は関数 $y=2x^2$ のグラフである。また，点Aの座標は，
$(2，-1)$である。点Aを通り y 軸に平行な直線と，放物線②と
の交点をBとする。

このとき，次の問いに答えなさい。**（静岡県）**(5点×2)

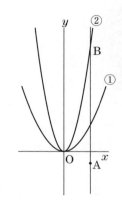

(1) x の変域が $-3\leqq x\leqq 1$ であるとき，関数 $y=ax^2$ の y の変域を，
a を用いて表しなさい。

(2) 線分ABの中点を通り，傾きが $-\dfrac{3}{4}$ である直線の式を求め
なさい。

(1)		(2)	

中3 **4** 右の図のように，円Oの弦EFを1辺とする正三角形DEFがある。
ただし，EFの長さは，円Oの半径より長いものとする。
∠EFDの二等分線が円Oの円周と交わる点をSとするとき，線分DS
と円Oの半径が等しいことを証明しなさい。**（和歌山県）**(8点)

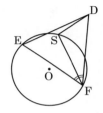

中2 中3 5 右の図のように，袋の中に1，2，3，4，5の数字が1つずつ書かれた5個の
玉が入っている。袋の中から1個の玉を取り出し，これを袋にもどしてから，
もう1回1個の玉を取り出す。最初に取り出した玉に書いてある数をa，次に
取り出した玉に書いてある数をbとする。
このとき，次の問いに答えなさい。ただし，どの玉が取り出されることも同
様に確からしいとする。(石川県)(6点×2)

(1) $a < b$ となるのは何通りか，求めなさい。

(2) $\sqrt{a} \times \sqrt{b}$ が整数となる確率を求めなさい。

(1)		(2)	

中3 6 次の□にあてはまる数を答えなさい。
箱の中に入っている玉の総数を，標本調査をおこなって調べた。コップで箱の中の玉をすくうと
40個入っており，そのすべてに印をつけて箱の中にもどした。よく混ぜた後，ふたたび同じコッ
プで玉をすくうと35個入っており，その中に印のついた玉が4個あった。この箱の中に入ってい
る玉の総数は，およそ□個と推測される。(徳島県)(6点)

中3 7 右の図のように，底面の1辺の長さが4cm，高さが6cmの正四角すい
のOABCDの辺 **OA**，**OB**，**OC**，**OD**の中点をそれぞれ**E**，**F**，**G**，**H**
とし，正四角すいOABCDから正四角すいOEFGHを切り取ってでき
た立体**K**がある。
このとき，次の各問いに答えなさい。(三重県)(6点×3)

(1) 辺 **EF**の長さを求めなさい。

(2) 立体Kの体積を求めなさい。

(3) 線分**EC**の長さを求めなさい。
なお，答えに√がふくまれるときは，√の中をできるだけ小さい自然数にしなさい。

(1)		(2)		(3)	

入試対策問題 ③

目標時間	得点
45 分	／100点

 1 次の計算をしなさい。(3点×10)

(1) $\dfrac{2}{3} \div \left(-\dfrac{1}{9}\right)$ （山梨県）

(2) $9 - 6 \times \left(-\dfrac{1}{3}\right)$ （石川県）

(3) $\dfrac{3a-b}{4} - \dfrac{2a-b}{3}$ （石川県）

(4) $(-8xy^2) \times 2x \div (-4xy)$ （愛知県）

(5) $(x+3)^2 - (x-4)(x-5)$ （愛媛県）

(6) $3x^2y \div \left(-\dfrac{3}{5}x\right) \times 5y$ （秋田県）

(7) $\sqrt{8} - \dfrac{2}{\sqrt{2}}$ （鳥取県）

(8) $5\sqrt{2} + \sqrt{8} - \sqrt{18}$ （岡山県）

(9) $\left(2\sqrt{3} + \sqrt{7}\right)\left(2\sqrt{3} - \sqrt{7}\right)$ （徳島県）

(10) $\left(\sqrt{5} + 4\right)\left(\sqrt{5} - 1\right)$ （東京都）

(1)		(2)		(3)		(4)	
(5)		(6)		(7)		(8)	
(9)		(10)					

 2 次の方程式を解きなさい。(4点×6)

(1) $3x - 2 = x + 4$ （熊本県）

(2) $\dfrac{1}{2}x - 1 = \dfrac{x-2}{5}$ （島根県）

(3) $\begin{cases} 2x + 3y = 1 \\ x - y = 3 \end{cases}$ （奈良県）

(4) $\begin{cases} 5x + 2y = 3 \\ 2x + 3y = 10 \end{cases}$ （沖縄県）

(5) $5x^2 + 9x + 3 = 0$ （愛媛県）

(6) $(x+1)(x-1) = 5x - x^2$ （長崎県）

(1)		(2)	
(3)		(4)	
(5)		(6)	

中3 **3** 右の図の対角線の交点を**E**とする四角形**ABCD**において，
∠**BCA**＝∠**DCA**，**BA**＝**BE**ならば，△**ABC** ∽ △**EDC**である。
このことを証明しなさい。(鳥取県)(8点)

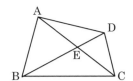

中2 **4** 右の表は，あるテーマパークにおける大人
と中学生の1人当たりの入園料を示したも
のである。**20人以上**がグループで同時に
入園するとき，大人だけでも，中学生だけ
でも，あるいは大人と中学生とが混じって

表

1人当たりの入園料	大人	中学生
個人料金	1000円	500円
団体料金（20人以上）	800円	400円

いても，入園料は団体料金となる。大人と中学生とを合わせて**35人**が，グループで同時に入園
した。このときの入園料の総額は，**35人**が個人料金でそれぞれ入園したときの入園料の総額と
比べると，**4700円**安くなった。
このとき，次の問いに答えなさい。(鳥取県)(5点×2)

(1) 大人の人数をx人，中学生の人数をy人として，x，yに関する連立方程式をつくりなさい。
(2) 大人の人数と中学生の人数をそれぞれ求めなさい。

(1)		(2)	大人	中学生

中3 **5** 学生の人数が9,300人の大学で，無作為に450人を抽出し，ある日の午後8時にどのテレビ局の
番組をみていたかについて標本調査を行い，450人すべてから回答を得た。下の表は，その結
果である。
このとき，この大学のすべての学生のうち，**B局**の番組をみていたのは，およそ何人と考えられ
るか，十の位の数を四捨五入して答えなさい。(富山県)(6点)

	A局	B局	C局	その他の局	みていない	合計
学生の人数（人）	76	135	98	54	87	450

中2 **6** 図のように，数字1，2を書いたカードがそれぞれ2枚ずつ，数字3を書いたカードが1枚ある。この5枚のカードをよくきって，1枚ずつ2回続けて取り出す。1回目に取り出したカードに書かれている数をa，2回目に取り出したカードに書かれている数をbとする。

$\boxed{1}\ \boxed{1}\ \boxed{2}\ \boxed{2}\ \boxed{3}$

このとき，点$(a，b)$が$y = \dfrac{2}{x}$のグラフ上の点である確率を求めなさい。

ただし，取り出したカードはもとにもどさないものとする。**(愛知県)**(7点)

中1 **7** 図のように底面が1辺2cmの正方形で，他の辺が$\sqrt{26}$ cmの正四角すい**O-ABCD**に球が内接している。このとき，次の問いに答えよ。

(東京電機大高)(5点×3)

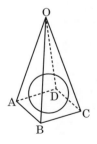

(1) 正四角すい**O-ABCD**の体積を求めよ。

(2) 正四角すい**O-ABCD**の表面積を求めよ。

(3) 内接している球の半径を求めよ。

(1)		(2)		(3)	

第1章｜多項式

1 多項式の計算

STEP 1 要点チェック

テストの **要点** を書いて確認
本冊 P.6

① (1) $ce+de$ (2) x^2+y^2

② (1) $ab+ad+bc+cd$

   (2) $x^2+8x+12$

STEP 2 基本問題
本冊 P.7

1 (1) $-2ab-8b^2$ (2) $3x^2-6xy$

   (3) $-2ab-2b^2-2bc$ (4) $-a^3+4a^2b$

2 (1) $3x^2+x$ (2) $xy+x^2-1$

   (3) $-9b+3a$

3 (1) $3xy-9x+y-3$

   (2) $x^2+9x+18$ (3) $3a^2+7ab+2b^2$

   (4) $a^2-2ab+5a-4b+6$

4 (1) x^2+x-56 (2) $y^2+12y+36$

   (3) $a^2-\dfrac{1}{2}a+\dfrac{1}{16}$ (4) b^2-9

解説

1 (1) $-2b(a+4b)=-2b\times a+(-2b)\times 4b$
$$=-2ab-8b^2$$

(2) $\dfrac{3}{4}x(4x-8y)=\dfrac{3}{4}x\times 4x-\dfrac{3}{4}x\times 8y$
$$=3x^2-6xy$$

(3) $(a+b+c)\times(-2b)$
$$=a\times(-2b)+b\times(-2b)+c\times(-2b)$$
$$=-2ab-2b^2-2bc$$

(4) $(a^2-4ab)\times(-a)=a^2\times(-a)-4ab\times(-a)$
$$=-a^3+4a^2b$$

2 (1) $(9x^3+3x^2)\div 3x=\dfrac{9x^3}{3x}+\dfrac{3x^2}{3x}=3x^2+x$

(2) $(xy^2+x^2y-y)\div y=\dfrac{xy^2}{y}+\dfrac{x^2y}{y}-\dfrac{y}{y}$
$$=xy+x^2-1$$

(3) $(15ab^2-5a^2b)\div\left(-\dfrac{5}{3}ab\right)$

$=(15ab^2-5a^2b)\times\left(-\dfrac{3}{5ab}\right)$

$=-\dfrac{15ab^2\times 3}{5ab}+\dfrac{5a^2b\times 3}{5ab}$

$=-9b+3a$

> **ミス注意！**
> (3) 逆数は $-\dfrac{3}{5ab}$ になることに注意する。

3 (1) $(3x+1)(y-3)=3x\times(y-3)+(y-3)$
$$=3xy-9x+y-3$$

(2) $(x+3)(x+6)=x\times(x+6)+3\times(x+6)$
$$=x^2+6x+3x+18$$
$$=x^2+9x+18$$

(3) $(3a+b)(a+2b)=3a\times(a+2b)+b\times(a+2b)$
$$=3a^2+6ab+ab+2b^2$$
$$=3a^2+7ab+2b^2$$

(4) $(a+2)(a-2b+3)=a\times(a-2b+3)+2\times(a-2b+3)$
$$=a^2-2ab+3a+2a-4b+6$$
$$=a^2-2ab+5a-4b+6$$

4 (1) $(x+8)(x-7)=x^2+(8-7)x+8\times(-7)$
$$=x^2+x-56$$

(2) $(y+6)^2=y^2+2\times 6\times y+6^2$
$$=y^2+12y+36$$

(3) $\left(a-\dfrac{1}{4}\right)^2=a^2-2\times\dfrac{1}{4}\times a+\left(\dfrac{1}{4}\right)^2$
$$=a^2-\dfrac{1}{2}a+\dfrac{1}{16}$$

(4) $(b-3)(b+3)=b^2-3^2$
$$=b^2-9$$

STEP 3 得点アップ問題
本冊 P.8

1 (1) $3x^3+x^2y$ (2) $6x^2y^3-4xy^2$

   (3) $-8x^2+6xy-10x$

   (4) $9x-12y+18$

2 (1) $-6x^3-7x^2-2x$

   (2) $2a^2+ab-2bc-ac-3b^2$

   (3) 0

3 (1) x^2+8x+7 (2) $x^2-6x-16$

   (3) $x^2+2x-35$ (4) $x^2-8x+15$

   (5) $x^2-12x+20$

4 (1) $4x^2-28xy+49y^2$

   (2) $a^2+\dfrac{4}{3}a+\dfrac{4}{9}$ (3) $4a^2-8ab-21b^2$

   (4) $4x^2-9y^2$ (5) $25-4a^2$

5 (1) $3x^2-12x-96$ (2) $-x^2+8x+9$

   (3) $-4x^2+16x-16$ (4) $-7y^2+12xy$

6 (1) $a^2+b^2+c^2+2ab+2bc+2ac$

   (2) $x^2+2xy+y^2+3x+3y+2$

   (3) $a^2-2ab+b^2-a+b-12$

   (4) $x^2-6xy+9y^2+6x-18y$

1

(1) $\dfrac{1}{2}x(6x^2+2xy)$

$=\dfrac{1}{2}x\times6x^2+\dfrac{1}{2}x\times2xy=3x^3+x^2y$

(2) $\dfrac{2}{3}xy(9xy^2-6y)$

$=\dfrac{2}{3}xy\times9xy^2+\dfrac{2}{3}xy\times(-6y)$

$=6x^2y^3-4xy^2$

(3) $(4x-3y+5)\times(-2x)$

$=4x\times(-2x)-3y\times(-2x)+5\times(-2x)$

$=-8x^2+6xy-10x$

(4) $(3x^2y+6xy-4xy^2)\div\dfrac{1}{3}xy$

$=\dfrac{3x^2y\times3}{xy}+\dfrac{6xy\times3}{xy}-\dfrac{4xy^2\times3}{xy}$

$=9x+18-12y=9x-12y+18$

2

(1) $2x(x-1)+3x^2(-2x-3)$

$=2x^2-2x+3x^2\times(-2x)+3x^2\times(-3)$

$=2x^2-2x-6x^3-9x^2$

$=-6x^3-7x^2-2x$

(2) $(a+2b)(a-b-c)+(a^3b-ab^3)\div ab$

$=a\times(a-b-c)+2b\times(a-b-c)+\dfrac{a^3b}{ab}-\dfrac{ab^3}{ab}$

$=a^2-ab-ac+2ab-2b^2-2bc+a^2-b^2$

$=2a^2+ab-2bc-ac-3b^2$

(3) $(2x+3y)\times2x-(4x^2y+6xy^2)\div y$

$=4x^2+6xy-\dfrac{4x^2y}{y}-\dfrac{6xy^2}{y}$

$=4x^2+6xy-4x^2-6xy$

$=0$

> **ミス注意！**
>
> 式が複数あるときは順番に展開してから，和差の計算をする。

3

(1) $(x+1)(x+7)=x^2+(1+7)x+1\times7$

$\qquad=x^2+8x+7$

(2) $(x-8)(x+2)=x^2+(-8+2)x+(-8)\times2$

$\qquad=x^2-6x-16$

(3) $(x+7)(x-5)=x^2+(7-5)x+7\times(-5)$

$\qquad=x^2+2x-35$

(4) $(x-5)(x-3)=x^2+(-5-3)x+(-5)\times(-3)$

$\qquad=x^2-8x+15$

(5) $(x-10)(x-2)=x^2+(-10-2)x+(-10)\times(-2)$

$\qquad=x^2-12x+20$

4

(1) $(2x-7y)^2=(2x)^2-2\times2x\times7y+(7y)^2$

$\qquad=4x^2-28xy+49y^2$

(2) $\left(a+\dfrac{2}{3}\right)^2$

$=a^2+2\times\dfrac{2}{3}\times a+\left(\dfrac{2}{3}\right)^2$

$=a^2+\dfrac{4}{3}a+\dfrac{4}{9}$

(3) $(2a+3b)(2a-7b)$

$=(2a)^2+(3b-7b)\times2a+3b\times(-7b)$

$=4a^2-8ab-21b^2$

(4) $(2x+3y)(2x-3y)$

$=(2x)^2-(3y)^2$

$=4x^2-9y^2$

(5) $(5-2a)(5+2a)=5^2-(2a)^2=25-4a^2$

5

(1) $3(x+4)(x-8)=3\{x^2+(4-8)x+4\times(-8)\}$

$\qquad\qquad=3(x^2-4x-32)$

$\qquad\qquad=3x^2-12x-96$

(2) $-(x-9)(x+1)=-\{x^2+(-9+1)x+(-9)\times1\}$

$\qquad\qquad=-(x^2-8x-9)$

$\qquad\qquad=-x^2+8x+9$

(3) $-4(x-2)^2=-4(x^2-2\times2\times x+2^2)$

$\qquad\qquad=-4(x^2-4x+4)$

$\qquad\qquad=-4x^2+16x-16$

(4) $(2x+3y)(2x-y)-4(x-y)^2$

$=(2x)^2+(3y-y)\times2x+3y\times(-y)$

$\qquad-4(x^2-2\times y\times x+y^2)$

$=4x^2+4xy-3y^2-4x^2+8xy-4y^2$

$=-7y^2+12xy$

6

(1) $a+b=M$ とおくと，

$(a+b+c)^2=(M+c)^2$

$\qquad=M^2+2cM+c^2$

$\qquad=(a+b)^2+2c(a+b)+c^2$

$\qquad=a^2+2ab+b^2+2ac+2bc+c^2$

(2) $x+y=M$ とおくと，

$(x+1+y)(x+2+y)=(M+1)(M+2)$

$\qquad=M^2+(1+2)M+1\times2$

$\qquad=M^2+3M+2$

$\qquad=(x+y)^2+3(x+y)+2$

$\qquad=x^2+2xy+y^2+3x+3y+2$

(3) $a-b=M$ とおくと，

$(a-b-4)(a-b+3)=(M-4)(M+3)$

$\qquad=M^2+(-4+3)M+(-4)\times3$

$\qquad=M^2-M-12$

$\qquad=(a-b)^2-(a-b)-12$

$\qquad=a^2-2ab+b^2-a+b-12$

(4) $x-3y=M$ とおくと，

$(x-3y)(x-3y+6)=M(M+6)=M^2+6M$

$\qquad=(x-3y)^2+6(x-3y)$

$\qquad=x^2-6xy+9y^2+6x-18y$

2 因数分解

STEP 1 要点チェック

テストの **要点** を書いて確認

本冊 P.10

① (1) $a(x^2+1)$ (2) $2x(x^2+2)$

② (1) $(x+1)(x+8)$ (2) $(x-4)^2$

STEP 2 基本問題

本冊 P.11

1

(1) $2a(x+2y)$ (2) $2x(2x+3)$

(3) $-3ax(x-3)$ (4) $2x(x^2+3)$

(5) $6xy(y-3x+2)$

2

(1) $(x+1)(x+6)$ (2) $(x-6)(x-7)$

(3) $2(x+1)^2$ (4) $(x-4)(x+1)$

(5) $-3(x+3)(x-1)$

3

(1) $(x-9)^2$ (2) $2(x-2)^2$

(3) $2(x+2)(x-2)$ (4) $-3(x+3)(x-3)$

(5) $(3x+2)(3x-2)$

1
(1) $2ax+4ay=2a\times x+2a\times 2y$
　　　　　$=2a(x+2y)$
(2) $4x^2+6x=2x\times 2x+2x\times 3$
　　　　$=2x(2x+3)$
(3) $-3ax^2+9ax=-3ax\times x+(-3ax)\times(-3)$
　　　　　　　$=-3ax(x-3)$
(4) $2x^3+6x=2x\times x^2+2x\times 3$
　　　　$=2x(x^2+3)$
(5) $6xy^2-18x^2y+12xy=6xy\times y+6xy\times(-3x)+6xy\times 2$
　　　　　　　　　$=6xy(y-3x+2)$

2
(1) $x^2+7x+6=x^2+(1+6)x+1\times 6$
　　　　　$=(x+1)(x+6)$
(2) $x^2-13x+42=x^2+(-6-7)x+(-6)\times(-7)$
　　　　　　$=(x-6)(x-7)$
(3) $2x^2+4x+2=2(x^2+2x+1)$
　　　　　$=2(x^2+2\times 1\times x+1^2)$
　　　　　$=2(x+1)^2$
(4) $x^2-3x-4=x^2+(-4+1)x+(-4)\times 1$
　　　　　$=(x-4)(x+1)$
(5) $-3x^2-6x+9=-3(x^2+2x-3)$
　　　　　　$=-3\{x^2+(3-1)x+3\times(-1)\}$
　　　　　　$=-3(x+3)(x-1)$

3
(1) $x^2-18x+81=x^2-2\times 9\times x+9^2$
　　　　　　$=(x-9)^2$
(2) $2x^2-8x+8=2(x^2-4x+4)$
　　　　　$=2(x^2-2\times 2\times x+2^2)$
　　　　　$=2(x-2)^2$
(3) $2x^2-8=2(x^2-4)$
　　　　$=2(x^2-2^2)$
　　　　$=2(x+2)(x-2)$
(4) $-3x^2+27=-3(x^2-9)$
　　　　　$=-3(x^2-3^2)$
　　　　　$=-3(x+3)(x-3)$
(5) $9x^2-4=(3x)^2-2^2$
　　　　$=(3x+2)(3x-2)$

STEP 3　得点アップ問題　　　　　本冊 P.12

1
(1) $b(a-c)$　　　(2) $3x(2y-3z)$
(3) $4x(x-2)$　　　(4) $5xy(x+2y)$

2
(1) $x(ax+by+c)$　　　(2) $4a(x-2y+3z)$
(3) $5b(a^2+2a-5)$　　　(4) $-3x(x^2-9y-2)$

3
(1) $(x-9)(x+4)$　　　(2) $(x-12)^2$
(3) $(2x+1)^2$　　　(4) $(x+8)(x-8)$

4
(1) $2(x-2)(x+6)$　　　(2) $8(x-1)^2$
(3) $-7(a-1)(a-2)$　　　(4) $a(x+6)(x-6)$

5
(1) $(m+n)(x+y)$　　　(2) $(x+5)(x-5)$
(3) $(x+5)(x-1)$　　　(4) $(a+1)(a-3)$

6
(1) $(a+2)(x-y)$　　　(2) $(a+b+c)(a+b-c)$
(3) $(x-4)^2$　　　(4) $(x-2)^2$

1
(1) $ab-bc=b\times a-b\times c$
　　　$=b(a-c)$
(2) $6xy-9xz=3x\times 2y-3x\times 3z$
　　　　$=3x(2y-3z)$
(3) $4x^2-8x=4x\times x-4x\times 2$
　　　　$=4x(x-2)$
(4) $5x^2y+10xy^2=5xy\times x+5xy\times 2y$
　　　　　$=5xy(x+2y)$

2
(1) $ax^2+bxy+cx$
　　$=x\times ax+x\times by+x\times c$
　　$=x(ax+by+c)$
(2) $4ax-8ay+12az=4a\times x-4a\times 2y+4a\times 3z$
　　　　　　$=4a(x-2y+3z)$
(3) $5a^2b+10ab-25b$
　　$=5b\times a^2+5b\times 2a+5b\times(-5)$
　　$=5b(a^2+2a-5)$
(4) $-3x^3+27xy+6x$
　　$=-3x\times x^2+(-3x)\times(-9y)+(-3x)\times(-2)$
　　$=-3x(x^2-9y-2)$

3
(1) $x^2-5x-36=x^2+(-9+4)x+(-9)\times 4$
　　　　　　$=(x-9)(x+4)$
(2) $x^2-24x+144=x^2-2\times 12\times x+12^2$
　　　　　　　$=(x-12)^2$
(3) $4x^2+4x+1=(2x)^2+2\times 1\times 2x+1^2$
　　　　　$=(2x+1)^2$
(4) $x^2-64=x^2-8^2$
　　　　$=(x+8)(x-8)$

4
(1) $2x^2+8x-24=2(x^2+4x-12)$
　　　　　　$=2\{x^2+(-2+6)x+(-2)\times 6\}$
　　　　　　$=2(x-2)(x+6)$
(2) $8x^2-16x+8=8(x^2-2x+1)$
　　　　　　$=8(x^2-2\times 1\times x+1^2)$
　　　　　　$=8(x-1)^2$
(3) $-7a^2+21a-14$
　　$=-7(a^2-3a+2)$
　　$=-7\{a^2+(-1-2)a+(-1)\times(-2)\}$
　　$=-7(a-1)(a-2)$
(4) $ax^2-36a=a(x^2-36)$
　　　　　$=a(x^2-6^2)$
　　　　　$=a(x+6)(x-6)$

> **ミス注意!**
> 共通因数をまず見つけてから，因数分解の公式を利用する。

5
(1) $x+y=M$とおくと，
　　$m(x+y)+n(x+y)=mM+nM$
　　　　　　　　$=M(m+n)$
　　　　　　　　$=(x+y)(m+n)$
(2) $(x+3)(x-3)-16=x^2-9-16$
　　　　　　　　$=x^2-25$
　　　　　　　　$=(x+5)(x-5)$
(3) $x+2=M$とおくと，
　　$(x+2)^2-9=M^2-9$
　　　　　　$=M^2-3^2$
　　　　　　$=(M+3)(M-3)$
　　　　　　$=(x+2+3)(x+2-3)$
　　　　　　$=(x+5)(x-1)$
(4) $a+2=M$とおくと，
　　$(a+2)^2-6(a+2)+5=M^2-6M+5$
　　　　　　　　　$=(M-1)(M-5)$

$$= (a+2-1)(a+2-5)$$
$$= (a+1)(a-3)$$

6 (1) $a(x-y)+2(x-y)=a\times(x-y)+2\times(x-y)$
$$= (a+2)(x-y)$$

(2) $a+b=M$とおくと，
$$(a+b)^2-c^2=M^2-c^2$$
$$= (M+c)(M-c)$$
$$= (a+b+c)(a+b-c)$$

(3) $x-3=M$とおくと，
$$(x-3)^2-2(x-3)+1=M^2-2M+1$$
$$= (M-1)^2$$
$$= (x-3-1)^2$$
$$= (x-4)^2$$

(4) $-4(x-1)+x^2=-4x+4+x^2$
$$= x^2-4x+4$$
$$= x^2-2\times2\times x+2^2$$
$$= (x-2)^2$$

3 式の計算の利用

STEP 1 要点チェック

テストの要点を書いて確認 本冊 P.14

① (1) 9991 (2) 8000

② (1) 16 (2) 400

STEP 2 基本問題 本冊 P.15

1 (1) 11025 (2) 2496 (3) 9409
(4) 1260

2 (1) 400 (2) 900

3 (1) 4900 (2) 4 (3) −140

4 (証明)連続する3つの整数を，$n-1$, n, $n+1$(nは整数)とすると，中央の数の平方から1をひいた数は，
$$n^2-1=(n+1)(n-1)$$
nは整数より，$(n+1)(n-1)$は両端の整数の積に等しくなる。
よって，連続する3つの整数で，中央の数の平方から1をひいた数は，両端の整数の積に等しくなる。

解説

1 (1) $105^2=(100+5)^2$
$$= 100^2+2\times5\times100+5^2$$
$$= 10000+1000+25$$
$$= 11025$$
(2) $52\times48=(50+2)\times(50-2)$
$$= 50^2-2^2$$
$$= 2500-4$$
$$= 2496$$
(3) $97^2=(100-3)^2$
$$= 100^2-2\times3\times100+3^2$$
$$= 10000-600+9$$
$$= 9409$$
(4) $108^2-102^2=(108+102)\times(108-102)$
$$= 210\times6$$
$$= 1260$$

2 (1) $a^2-6a+9=(a-3)^2$
$$= (23-3)^2$$
$$= 20^2$$
$$= 400$$
(2) $a^2+14a+49=(a+7)^2$
$$= (23+7)^2$$
$$= 30^2$$
$$= 900$$

3 (1) $a^2+2ab+b^2=(a+b)^2$
$$= (34+36)^2$$
$$= 70^2$$
$$= 4900$$
(2) $a^2-2ab+b^2=(a-b)^2$
$$= (34-36)^2$$
$$= (-2)^2$$
$$= 4$$
(3) $a^2-b^2=(a+b)(a-b)$
$$= (34+36)\times(34-36)$$
$$= 70\times(-2)$$
$$= -140$$

STEP 3 得点アップ問題 本冊 P.16

1 (1) 11881 (2) 8099 (3) 2436
(4) 14600

2 (1) 131 (2) 21 (3) 190
(4) 900

3 (1) 10 (2) 10 (3) 5000
(4) 25

4 (証明)連続する2つの奇数を$2n-1$, $2n+1$(nは整数)とすると，連続する2つの奇数の積に1をたした数は，
$$(2n-1)(2n+1)+1=4n^2-1+1$$
$$= 4n^2$$
$$= (2n)^2$$
$2n$は連続する2つの奇数の間の偶数だから，$(2n)^2$はその偶数の2乗である。
よって，連続する2つの奇数の積に1をたした数は，その間の偶数の2乗に等しくなる。

5 (証明)連続する2つの整数をn, $n+1$(nは整数)とすると，大きい方の2乗と小さい方の2乗の差は，
$$(n+1)^2-n^2=n^2+2n+1-n^2$$
$$= 2n+1$$
nは整数より，$2n+1$は奇数である。
よって，連続する2つの整数について，大きい方の2乗と小さい方の2乗の差は奇数となる。

6 (証明)Sは，大きい長方形の面積から小さい長方形の面積をひいて，
$$S=(x+2a)(y+2a)-xy$$
$$= xy+2ax+2ay+4a^2-xy$$
$$= 2ax+2ay+4a^2\cdots①$$
ℓは縦が$(x+a)$m，横が$(y+a)$mの長方形の周に等し

いので，
$$\ell=2(x+a+y+a)$$
$$=2x+2y+4a$$
したがって，
$$a\ell=a(2x+2y+4a)$$
$$=2ax+2ay+4a^2\cdots②$$
①，②より，$S=a\ell$

解説

1 (1) $109^2=(100+9)^2$
$$=100^2+2\times9\times100+9^2$$
$$=10000+1800+81$$
$$=11881$$
(2) $89\times91=(90-1)\times(90+1)$
$$=90^2-1^2$$
$$=8100-1$$
$$=8099$$
(3) $42\times58=(50-8)\times(50+8)$
$$=50^2-8^2$$
$$=2500-64$$
$$=2436$$
(4) $123^2-23^2=(123+23)\times(123-23)$
$$=146\times100$$
$$=14600$$

2 (1) $(x+3)(x-3)-x(x-4)=x^2-9-x^2+4x$
$$=4x-9$$
$$=4\times35-9$$
$$=131$$
(2) $(x-2)^2-(x+1)(x-1)=x^2-4x+4-(x^2-1)$
$$=x^2-4x+4-x^2+1$$
$$=-4x+5$$
$$=-4\times(-4)+5$$
$$=21$$
(3) $x^2-3x-18=(x+3)(x-6)$
$$=(-13+3)\times(-13-6)$$
$$=-10\times(-19)$$
$$=190$$
(4) $x^2+4x+4=(x+2)^2$
$$=(28+2)^2$$
$$=30^2$$
$$=900$$

3 (1) $(x+y)^2-2xy=x^2+2xy+y^2-2xy$
$$=x^2+y^2$$
$$=(-3)^2+1^2$$
$$=9+1$$
$$=10$$
(2) $(x+2y)^2+y(x+2y)$
$$=x^2+4xy+4y^2+xy+2y^2$$
$$=x^2+5xy+6y^2$$
$$=(x+2y)(x+3y)$$
$$=\{4+2\times(-3)\}\times\{4+3\times(-3)\}$$
$$=(-2)\times(-5)$$
$$=10$$
(3) $x^2-y^2=(x+y)(x-y)$
$$=(75+25)\times(75-25)$$
$$=100\times50$$
$$=5000$$
(4) $x^2-6xy+9y^2=(x-3y)^2$
$$=(6.25-3\times3.75)^2$$

$$=(-5)^2$$
$$=25$$
6 いちばん外側の長方形の辺の長さは，縦が$(x+2a)$m，横が$(y+2a)$mとなる。道の真ん中を通る線を4辺とする長方形の辺の長さは，縦が$(x+a)$m，横が$(y+a)$mとなる。これらを用いてS，ℓを表せばよい。

> **ミス注意！**
>
> ℓを求めるときは，縦が$(x+2a)$mではなく，$(x+a)$m，横が$(y+2a)$mではなく，$(y+a)$mであることに注意する。

第1章 多項式
定期テスト予想問題
本冊 P.18

❶ (1) $x^2-8xy+16y^2+5x-20y+6$

(2) $7x^3+7x^2y+6x^2$

(3) $a^2+a+\dfrac{1}{4}$　　(4) $3x^3-8x^2+8x-8$

❷ (1) $5x-9$　　(2) $-2x+5$

❸ (1) $(a+b)(x-y)$　　(2) $(x-1)(xy+y+1)$

(3) $(x+y+2)(x+y-2)$

(4) $(x+2y+3)(x-2y-3)$

(5) $(x+3)(x-3)(x^2+9)$

(6) $x(x+1)^2(x-2)$

❹ (1) $M^2+4M-32$　　(2) $(x+y+8)(x+y-4)$

❺ (1) 16384　　(2) 4884

(3) 998001　　(4) 5

❻ (証明)もっとも小さい自然数をnとすると，もっとも大きい自然数は$n+2$となる。もっとも小さい自然数ともっとも大きい自然数の積に1を加えると，
$$n(n+2)+1=n^2+2n+1$$
$$=(n+1)^2$$
よって，もっとも小さい自然数ともっとも大きい自然数の積に1を加えると，中央の自然数の2乗に等しくなる。

解説

❶ (1) $x-4y=M$とおくと，
$$(x-4y+2)(x+3-4y)$$
$$=(M+2)(M+3)$$
$$=M^2+(2+3)M+2\times3$$
$$=M^2+5M+6$$
$$=(x-4y)^2+5(x-4y)+6$$
$$=x^2-2\times4y\times x+(4y)^2+5x-20y+6$$
$$=x^2-8xy+16y^2+5x-20y+6$$
(2) $4x(x^2+xy)+3x^2(x+y+2)$
$$=4x^3+4x^2y+3x^3+3x^2y+6x^2$$
$$=7x^3+7x^2y+6x^2$$
(3) $9\left(\dfrac{1}{3}a+\dfrac{1}{6}\right)^2=9\left\{\left(\dfrac{1}{3}a\right)^2+2\times\dfrac{1}{6}\times\dfrac{1}{3}a+\left(\dfrac{1}{6}\right)^2\right\}$
$$=9\left(\dfrac{1}{9}a^2+\dfrac{1}{9}a+\dfrac{1}{36}\right)$$

$$=a^2+a+\frac{1}{4}$$

(4) $(x-2)(3x^2-2x+4)$
 $=x(3x^2-2x+4)-2(3x^2-2x+4)$
 $=3x^3-2x^2+4x-6x^2+4x-8$
 $=3x^3-8x^2+8x-8$

❷ (1) $x(x-1)=(x-3)^2+\boxed{}$
 $\boxed{}=x(x-1)-(x-3)^2$
 $=x^2-x-(x^2-2\times3\times x+3^2)$
 $=x^2-x-x^2+6x-9$
 $=5x-9$

 (2) $(x-1)^2=(x+2)(x-2)+(\boxed{})$
 $\boxed{}=(x-1)^2-(x+2)(x-2)$
 $=x^2-2\times1\times x+1^2-(x^2-4)$
 $=x^2-2x+1-x^2+4$
 $=-2x+5$

❸ (1) $ax-ay+bx-by$
 $=a(x-y)+b(x-y)$
 $=(a+b)(x-y)$

 (2) $x^2y+x-y-1$
 $=y(x^2-1)+(x-1)$
 $=y(x+1)(x-1)+(x-1)$
 $=(x-1)\{y(x+1)+1\}$
 $=(x-1)(xy+y+1)$

 (3) $x^2+2xy+y^2-4$
 $=(x+y)^2-2^2$
 $=(x+y+2)(x+y-2)$

 (4) $x^2-4y^2-12y-9$
 $=x^2-(4y^2+12y+9)$
 $=x^2-\{(2y)^2+2\times2y\times3+3^2\}$
 $=x^2-(2y+3)^2$
 $=(x+2y+3)(x-2y-3)$

 (5) $x^4-81=(x^2)^2-9^2$
 $=(x^2+9)(x^2-9)$
 $=(x^2+9)(x^2-3^2)$
 $=(x^2+9)(x+3)(x-3)$

 (6) $(x^2-1)^2-(x+1)^2$
 $=\{(x^2-1)+(x+1)\}\{(x^2-1)-(x+1)\}$
 $=(x^2-1+x+1)(x^2-1-x-1)$
 $=(x^2+x)(x^2-x-2)$
 $=x(x+1)\{x^2+(-2+1)x+(-2)\times1\}$
 $=x(x+1)(x-2)(x+1)$
 $=x(x+1)^2(x-2)$

❹ (1) $x+y=M$として,
 $(x+y-2)(x+y+6)-20$
 $=(M-2)(M+6)-20$
 $=M^2+(-2+6)M+(-2)\times6-20$
 $=M^2+4M-32$

 (2) (1)より,
 $M^2+4M-32$
 $=M^2+(8-4)M+8\times(-4)$
 $=(M+8)(M-4)$
 $=(x+y+8)(x+y-4)$

❺ (1) $128^2=(130-2)^2$
 $=130^2-2\times130\times2+2^2$
 $=16900-520+4$
 $=16384$

 (2) $74\times66=(70+4)\times(70-4)$
 $=70^2-4^2$
 $=4900-16$
 $=4884$

(3) $999^2=(1000-1)^2$
 $=1000^2-2\times1000\times1+1^2$
 $=1000000-2000+1$
 $=998001$

(4) $68\times72-73\times67$
 $=(70-2)\times(70+2)-(70+3)\times(70-3)$
 $=70^2-2^2-(70^2-3^2)$
 $=4900-4-4900+9$
 $=5$

1 平方根

テストの **要点** を書いて確認　　　本冊 P.20

① (1) ± 3　　(2) $\pm\sqrt{6}$　　(3) $5>\sqrt{6}$　　(4) 無理数

1 (1) ± 8　　(2) $\pm\sqrt{5}$　　(3) 9　　(4) 10

2 (1) 12　　(2) 0.6　　(3) $-\dfrac{5}{9}$

3 (1) $\sqrt{13}<\sqrt{17}$　　(2) $4>\sqrt{11}$
　(3) $(-\sqrt{2})^2>\sqrt{3}$　　(4) $\sqrt{(-4)^2}<5$

4 (1) 有理数　　(2) 無理数　　(3) 有理数
　(4) 有理数

解説

1 (1) $\pm\sqrt{64}$ だから，± 8
　(3) $3^2=9$
　(4) $(\sqrt{10})^2=10$

2 (1) $\sqrt{144}=\sqrt{12^2}=12$
　(2) $\sqrt{0.36}=\sqrt{0.6^2}=0.6$
　(3) $-\sqrt{\dfrac{25}{81}}=-\sqrt{\left(\dfrac{5}{9}\right)^2}=-\dfrac{5}{9}$

3 (1) $(\sqrt{13})^2=13$，$(\sqrt{17})^2=17$ より，$13<17$ だから，
　　$\sqrt{13}<\sqrt{17}$
　(2) $4^2=16$，$(\sqrt{11})^2=11$ より，$16>11$ だから，
　　$4>\sqrt{11}$
　(3) $(-\sqrt{2})^2=2$ で $2^2=4$，$(\sqrt{3})^2=3$ より，$4>3$ だから，
　　$(-\sqrt{2})^2>\sqrt{3}$
　(4) $\sqrt{(-4)^2}=\sqrt{16}=4$ で $4<5$ だから，
　　$\sqrt{(-4)^2}<5$

ミス注意!
必ず$\sqrt{}$を外してから大小を比べる。

4 (1) $1.5=\dfrac{3}{2}$ だから有理数。
　(2) π は無理数だから，2π は無理数。
　(3) $\sqrt{16}=\sqrt{4^2}=4$ だから，$\sqrt{16}$ は有理数。
　(4) $-\sqrt{0.49}=-\sqrt{\dfrac{49}{100}}=-\dfrac{7}{10}$ だから有理数。

1 (1) ± 12　　(2) $\pm\sqrt{17}$　　(3) ± 9
　(4) $\pm\sqrt{37}$　　(5) $\dfrac{1}{10}$

2 (1) $-\sqrt{9}>-4$　　(2) $5<2\sqrt{7}$
　(3) $3\sqrt{2}<2\sqrt{5}$　　(4) $4\sqrt{3}>6>\sqrt{10}$

3 (1) $a=2$，3，5，6，7，8，10
　(2) $a=6$，11
　(3) $a=18$

4 (1) $a=-2$，8

---

(2) $n=10$
(3) $n=6$

5 (1) $n=6$，7
　(2) 10個
　(3) $a=5$，6，7，8

6 $n=6$，7，8

解説

1 (1) $\pm\sqrt{144}=\pm\sqrt{12^2}$
　　　　　$=\pm 12$
　(3) $81=9^2$ より，$a=\pm 9$
　(4) $37=(\sqrt{37})^2$ より，$a=\pm\sqrt{37}$
　(5) $\sqrt{0.01}=\sqrt{\dfrac{1}{100}}$
　　　　　$=\sqrt{\left(\dfrac{1}{10}\right)^2}$
　　　　　$=\dfrac{1}{10}$

2 (1) $-\sqrt{9}=-\sqrt{3^2}=-3$ より，$-3>-4$
　　よって，
　　$-\sqrt{9}>-4$

ミス注意!
符号がマイナスのときは，大小関係に注意する。

　(2) $5^2=25$，$(2\sqrt{7})^2=28$
　　よって，$5<2\sqrt{7}$
　(3) $(3\sqrt{2})^2=18$，$(2\sqrt{5})^2=20$
　　よって，
　　$3\sqrt{2}<2\sqrt{5}$
　(4) $(4\sqrt{3})^2=48$，$(\sqrt{10})^2=10$，$6^2=36$ より，
　　$48>36>10$
　　よって，$4\sqrt{3}>6>\sqrt{10}$

3 (1) 0 から10の整数うち，整数の2乗となるのは4，9，
　　また，$0=0^2$，$1=1^2$ だから，これら以外のときに
　　$\sqrt{a}$ は無理数になる。
　(2) $a-2$ より，3から13について，整数の2乗になる
　　のは，4，9
　　よって，
　　$a=4+2=6$，$a=9+2=11$
　(3) $2a$ が整数の2乗になればよい。
　　$a=18$ のとき，
　　$2a=2\times 18=36=6^2$

4 (1) $\dfrac{1}{2}a+5$ が整数の2乗になればよい。
　　$a=-2$ のとき，$\dfrac{1}{2}\times(-2)+5=4=2^2$
　　$a=8$ のとき，$\dfrac{1}{2}\times 8+5=9=3^2$
　(2) $40n=2^3\times 5\times n$
　　$n=2\times 5=10$ のとき，
　　　$40n=2^3\times 5\times 10=2^4\times 5^2$
　　となる。
　(3) $\dfrac{150}{n}=\dfrac{2\times 3\times 5^2}{n}$
　　よって，$n=2\times 3=6$ のとき $\dfrac{150}{n}=5^2$ となる。

5 (1) $2.4^2=5.76$，$2.7^2=7.29$ より，
　　　$5.76<n<7.29$
　　をみたす整数nは，

$n=6,\ 7$

(2) $(-6)^2=36,\ (-5)^2=25$ より，

$25<a<36$

をみたす a の個数は，$35-26+1=10$（個）

(3) $\left(\dfrac{3}{2}\right)^2=\dfrac{9}{4}$ より，$1<\dfrac{a}{4}<\dfrac{9}{4}$

$\dfrac{4}{4}<\dfrac{a}{4}<\dfrac{9}{4}$

をみたす a を求めればよい。

分子に注目して $4<a<9$ であればよいことから，

$a=5,\ 6,\ 7,\ 8$

6 $\sqrt{75}=5\sqrt{3}$

$a=5\sqrt{3}=5\times1.73=8.65$

$n<8.65<n+3$ より，

$5.65<n<8.65$

だから，$n=6,\ 7,\ 8$

2 根号をふくむ式の計算

STEP 1 要点チェック

テストの 要点 を書いて確認　　本冊 P.24

① (1) $\sqrt{30}$　　(2) $\sqrt{6}$　　(3) $8\sqrt{3}$　　(4) $2\sqrt{7}$

② (1) $\dfrac{\sqrt{5}}{5}$　　(2) $\dfrac{\sqrt{3}}{4}$

STEP 2 基本問題　　本冊 P.25

1 (1) $5\sqrt{2}$　　(2) $-\sqrt{42}$　　(3) $\sqrt{3}$　　(4) $2\sqrt{2}$

2 (1) $6\sqrt{2}$　　(2) $-3\sqrt{2}$　　(3) 0　　(4) $-8\sqrt{3}$

3 (1) $-4\sqrt{2}$　　(2) $\dfrac{3\sqrt{3}}{4}$

4 (1) -1　　(2) 10

解 説

1 (1) $\sqrt{10}\times\sqrt{5}=\sqrt{10\times5}$

$=\sqrt{50}=\sqrt{5^2\times2}$

$=5\sqrt{2}$

(3) $\sqrt{24}\div\sqrt{8}=\sqrt{\dfrac{24}{8}}=\sqrt{3}$

(4) $\sqrt{16}\div\sqrt{2}=\sqrt{\dfrac{16}{2}}$

$=\sqrt{8}=\sqrt{2^3}=2\sqrt{2}$

2 (1) $\sqrt{32}+2\sqrt{2}=4\sqrt{2}+2\sqrt{2}$

$=(4+2)\sqrt{2}$

$=6\sqrt{2}$

(2) $\sqrt{18}-\sqrt{72}=3\sqrt{2}-6\sqrt{2}$

$=(3-6)\sqrt{2}$

$=-3\sqrt{2}$

(3) $2\sqrt{7}-5\sqrt{7}+3\sqrt{7}$

$=(2-5+3)\sqrt{7}$

$=0$

(4) $-3\sqrt{3}+4\sqrt{3}-9\sqrt{3}=(-3+4-9)\sqrt{3}$

$=-8\sqrt{3}$

3 (1) $-\dfrac{8}{\sqrt{2}}=-\dfrac{8\times\sqrt{2}}{\sqrt{2}\times\sqrt{2}}=-\dfrac{8\sqrt{2}}{2}=-4\sqrt{2}$

(2) $\dfrac{9}{4\sqrt{3}}=\dfrac{9\times\sqrt{3}}{4\sqrt{3}\times\sqrt{3}}=\dfrac{9\sqrt{3}}{12}=\dfrac{3\sqrt{3}}{4}$

4 (1) $a^2-4a=a(a-4)$

$=(\sqrt{3}+2)(\sqrt{3}+2-4)$

$=(\sqrt{3}+2)(\sqrt{3}-2)$

$=(\sqrt{3})^2-2^2$

$=3-4$

$=-1$

(2) $a^2+8a+16=(a+4)^2$

$=(\sqrt{10}-4+4)^2$

$=(\sqrt{10})^2$

$=10$

STEP 3 得点アップ問題　　本冊 P.26

1 (1) 12　　(2) -3　　(3) $-12\sqrt{6}$　　(4) $\sqrt{10}$

2 (1) $3\sqrt{6}-4\sqrt{3}$　　(2) $-2\sqrt{10}$

(3) $-\sqrt{3}-2\sqrt{6}$

3 (1) $\dfrac{2\sqrt{3}}{3}$　　(2) $\dfrac{\sqrt{30}}{10}$

(3) $\dfrac{3\sqrt{5}}{5}$

4 (1) $11+6\sqrt{2}$　　(2) $4+5\sqrt{3}$

(3) $\sqrt{3}-4+\sqrt{6}-4\sqrt{2}$

(4) $2\sqrt{3}-\sqrt{30}+3\sqrt{2}-3\sqrt{5}$

5 (1) 14.1　　(2) 0.223　　(3) -6.69

(4) 0.1115

6 (1) 2　　(2) 1　　(3) $3,\ 12,\ 27$

解 説

1 (1) $\sqrt{48}\times\sqrt{3}=\sqrt{144}=\sqrt{12^2}=12$

(2) $(-\sqrt{27})\div\sqrt{3}=-\dfrac{\sqrt{27}}{\sqrt{3}}=-\sqrt{\dfrac{27}{3}}=-\sqrt{9}=-3$

(3) $3\sqrt{12}\times(-\sqrt{8})=-3\sqrt{12\times8}$

$=-3\sqrt{96}$

$=-3\sqrt{4^2\times6}$

$=-12\sqrt{6}$

(4) $\sqrt{5}\times\sqrt{6}\div\sqrt{3}=\sqrt{\dfrac{5\times6}{3}}=\sqrt{10}$

2 (1) $\sqrt{6}+2\sqrt{6}-\sqrt{48}$

$=3\sqrt{6}-\sqrt{4^2\times3}$

$=3\sqrt{6}-4\sqrt{3}$

(2) $-\sqrt{90}+\sqrt{40}-\sqrt{10}$

$=-\sqrt{3^2\times10}+\sqrt{2^2\times10}-\sqrt{10}$

$=-3\sqrt{10}+2\sqrt{10}-\sqrt{10}$

$=-2\sqrt{10}$

(3) $\sqrt{54}-\sqrt{75}-5\sqrt{6}+\sqrt{48}$

$=\sqrt{3^2\times6}-\sqrt{5^2\times3}-5\sqrt{6}+\sqrt{4^2\times3}$

$=3\sqrt{6}-5\sqrt{3}-5\sqrt{6}+4\sqrt{3}$

$=-\sqrt{3}-2\sqrt{6}$

3 (1) $\dfrac{2}{\sqrt{3}}=\dfrac{2\times\sqrt{3}}{\sqrt{3}\times\sqrt{3}}$

$=\dfrac{2\sqrt{3}}{3}$

(2) $\dfrac{\sqrt{6}}{2\sqrt{5}}=\dfrac{\sqrt{6}\times\sqrt{5}}{2\sqrt{5}\times\sqrt{5}}$

$=\dfrac{\sqrt{30}}{10}$

(3) $\dfrac{9}{\sqrt{45}}=\dfrac{9}{3\sqrt{5}}$

$$= \frac{9 \times \sqrt{5}}{3\sqrt{5} \times \sqrt{5}}$$

$$= \frac{3\sqrt{5}}{5}$$

4 (1) $(\sqrt{2}+3)^2 = (\sqrt{2})^2 + 2 \times 3 \times \sqrt{2} + 3^2$
$$= 2 + 6\sqrt{2} + 9$$
$$= 11 + 6\sqrt{2}$$

(2) $(\sqrt{3}+1)^2 + 3\sqrt{3} = (\sqrt{3})^2 + 2 \times 1 \times \sqrt{3} + 1^2 + 3\sqrt{3}$
$$= 3 + 2\sqrt{3} + 1 + 3\sqrt{3}$$
$$= 4 + 5\sqrt{3}$$

(3) $(1+\sqrt{2})(\sqrt{3}-4)$
$$= \sqrt{3} - 4 + \sqrt{2}(\sqrt{3}-4)$$
$$= \sqrt{3} - 4 + \sqrt{6} - 4\sqrt{2}$$

(4) $(\sqrt{2}+\sqrt{3})(\sqrt{6}-\sqrt{15})$
$$= \sqrt{2}(\sqrt{6}-\sqrt{15}) + \sqrt{3}(\sqrt{6}-\sqrt{15})$$
$$= \sqrt{12} - \sqrt{30} + \sqrt{18} - \sqrt{45}$$
$$= 2\sqrt{3} - \sqrt{30} + 3\sqrt{2} - 3\sqrt{5}$$

5 (1) $\sqrt{200} = \sqrt{2 \times 10^2} = 10\sqrt{2}$
よって，$10\sqrt{2} = 10 \times 1.41$
$$= 14.1$$

(2) $\sqrt{0.05} = \sqrt{\dfrac{5}{100}} = \dfrac{\sqrt{5}}{10}$
よって，$\dfrac{\sqrt{5}}{10} = \dfrac{2.23}{10} = 0.223$

(3) $\sqrt{20} - \sqrt{125} = 2\sqrt{5} - 5\sqrt{5} = -3\sqrt{5}$
よって，$-3\sqrt{5} = -3 \times 2.23 = -6.69$

(4) $\dfrac{1}{\sqrt{80}} = \dfrac{1}{4\sqrt{5}} = \dfrac{1 \times \sqrt{5}}{4\sqrt{5} \times \sqrt{5}} = \dfrac{\sqrt{5}}{20}$
よって，$\dfrac{\sqrt{5}}{20} = \dfrac{2.23}{20} = 0.1115$

6 (1) $\sqrt{2} = 1.41\cdots$ より，$a = \sqrt{2}-1$
$$(a+1)^2 = (\sqrt{2}-1+1)^2 = (\sqrt{2})^2 = 2$$

> **ミス注意！**
> $\sqrt{2}$ の小数部分は，その数で1より小さい部分である。

(2) $\sqrt{5} = 2.23\cdots$ より，$b = \sqrt{5}-2$
$$b(b+4) = (\sqrt{5}-2)(\sqrt{5}-2+4)$$
$$= (\sqrt{5}-2)(\sqrt{5}+2)$$
$$= (\sqrt{5})^2 - 2^2$$
$$= 5 - 4$$
$$= 1$$

(3) $\sqrt{3} \times \sqrt{n} = \sqrt{3n}$ より，$3n$ が整数の2乗になればよい。このような n は，小さい順に
$$n = 3, \quad 2^2 \times 3, \quad 3^3$$
$$= 3, \quad 12, \quad 27$$

3 近似値と有効数字

STEP 1 要点チェック

テストの要点を書いて確認　　　本冊 P.28

① $4150 \leqq a < 4250$

② (1) 5，8，0　　(2) 5.80×10^2 cm

STEP 2 基本問題　　　本冊 P.29

1 (1) 0.14m　　(2) $17500 \leqq a < 18500$

(3) 500

2 (1) 2，6　　(2) 2.6×10^4　　(3) 2.8×10^3g

(4) 4.20×10^3m

(5) ①10gの位　　②100mの位　　③10Lの位

> **解説**

1 (1) 誤差＝（近似値）－（真の値）＝$35 - 34.86 = 0.14$（m）
また，誤差は単位もふくめて答える。

(2)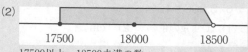
17500以上　18500未満の数。

(3) 誤差の最大値は，
$$18000 - 17500 = 500$$

2 (1) 百の位を四捨五入しているから，百の位の0は信頼できない。
信頼できる数字は，一万の位の2と，千の位の6になる。

> **ミス注意！**
> 百の位で四捨五入したので，百の位の数は0になっていて，もとの数字は1〜9の9通りあり，信頼できない。

(2) $26000 = 2.6 \times 10^4$ である。

(3) 有効数字が2けた→上から2けたの，2と8が信頼できる数字である。
$2800 = 2.8 \times 10^3$ である。

(4) 有効数字が3けた→上から3けたが信頼できる数字。したがって，有効数字は，4，2，0
0が1つ含まれることに注意する。
$4200 = 4.20 \times 10^3$ である。

> **ミス注意！**
> 有効数字での表し方では，小数点以下の末位の0は重要。4.20×10^3 の値の範囲は，4195g以上，4205g未満で，誤差の絶対値の最大値は5g
> 4.2×10^3 の値の範囲は4150g以上，4250g未満で，誤差の絶対値の最大値は50gとなる。

(5) ①$3.8 \times 10^2 = 380$
有効数字は3と8だから，10gの位まで測定している。
②$2.16 \times 10^4 = 21600$
有効数字は2，1，6だから，100mの位まで測定している。
③$5.80 \times 10^3 = 5800$
有効数字は5，8，0だから，10Lの位まで測定している。

STEP 3 得点アップ問題　　　本冊 P.30

1 (1) 35人　　(2) 420m　　(3) 48L

(4) 0.14

2 (1) $35.75 \leqq a < 35.85$　　(2) 0.05

(3) 3.58×10

3 (1) $4.555 \leqq a < 4.565$

(2) $3.2055 \leqq a < 3.2065$

(3) $6.95 \leqq a < 7.05$

(4) $5.7995 \leqq a < 5.8005$

4 $22.5 \leqq a < 37.5$

5 (1) 7, 4　　(2) $7.4×10^3$m

6 (1) $4.39×10^3$ cm

　(2) $5.800×10^2$ L $(5.800×10^3$dL)

　(3) $1.540×10^6$人

　(4) $2.5×10$kg $(2.5×10^4$g)

　(5) $7.65×10^4$

　(6) $3.800×10^5$

7 (1) 1000gの位　　(2) 1cmの位

解　説

1 誤差＝(近似値)－(真の値)

　(1) $2400－2365＝35$(人)

　(2) $36000－36420＝－420$で，誤差の絶対値は，
　　420m　(0.42km)

　(3) 852Lを十の位で四捨五入すると900L ←近似値
　　誤差＝$900－852＝48$(L)

　(4) 47.86を小数第1位で四捨五入すると48
　　誤差＝$48－47.86＝0.14$

2 (1)

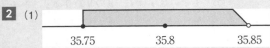

　　35.75　　　35.8　　　35.85

　(2) 誤差の最大値は，
　　$35.8－35.75＝0.05$

　(3) 3, 5, 8は有効数字である。
　　$35.8＝3.58×10$

3

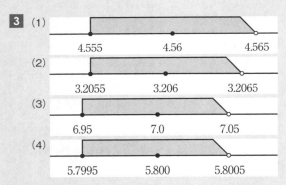

(1)　4.555　　　4.56　　　4.565

(2)　3.2055　　3.206　　3.2065

(3)　6.95　　　7.0　　　7.05

(4)　5.7995　　5.800　　5.8005

4 商をnとすると，$1.5≦n<2.5$
　　$n＝1.5$ のとき，$a＝15×1.5＝22.5$
　　$n＝2.5$ のとき，$a＝15×2.5＝37.5$
　したがって，$22.5≦a<37.5$

ミス注意!

(割る数)×(商)＝(割られる数)であるから，商を
nとすると，$a＝15×n$
ここで，$1.5≦n<2.5$ より，aの値の範囲は，
　$15×1.5≦a<15×2.5$ となる。

5 (1) 10mの位を四捨五入したから，信頼できる数字は
　　100mの位の4まで。
　(2) $7400＝7.4×10^3$

6 (1) 1cmの位を四捨五入したから，信頼できる数字は
　　4, 3, 9の3けた。
　　$4390＝4.39×10^3$
　(2) 580L＝5800dL
　　580L$＝5.8×10^2$L
　　5800dL$＝5.8×10^3$dL

単位によって表し方が違うので注意する。

　(3) 有効数字は1, 5, 4, 0
　　$1540000＝1.540×10^6$

　(4) 25kg＝25000g　100g以下を四捨五入したから，
　　1000g(1kg)の位までが有効数字である。
　　　25 kg$＝2.5×10$ kg，
　　　25000 g$＝2.5×10^4$g

　(5) 3つの数字7, 6, 5が信頼できる数字である。
　　$76500＝7.65×10^4$

　(6) 4つの数字3, 8, 0, 0が信頼できる数字である。
　　$380000＝3.800×10^5$

7 (1) $3.6×10^4＝36000$
　　有効数字は3と6で，6は1000gの位の数字だから，
　　1000gの位まで測定している。

　(2) $2.30×10^2＝230$
　　有効数字は2と3と0で，0は1cmの位の数字だから，
　　1cmの位まで測定している。

第2章　平方根
定期テスト予想問題　　　本冊 P.32

❶ (1) 9　　(2) $-\dfrac{1}{5}$　　(3) $3\sqrt{15}$　　(4) $-2\sqrt{6}$

　(5) $2\sqrt{2}$　　(6) $-\dfrac{\sqrt{5}}{5}$　　(7) $-\sqrt{3}$　　(8) $\sqrt{2}$

❷ (1) $a＝8$, 9, 10, 11, 12, 13, 14, 15
　(2) $a＝9$, 16, 21, 24

❸ (1) -13　　(2) 9

❹ (1) $3-\sqrt{5}$　　(2) 1

❺ (1) $123.5≦a<124.5$　　(2) 0.5mm
　(3) $1.24×10^2$mm

❻ 65

解　説

❶ (1) $\sqrt{(-9)^2}=\sqrt{81}=\sqrt{9^2}=9$

　(2) $-\sqrt{0.04}=-\sqrt{\dfrac{4}{100}}=-\sqrt{\dfrac{1}{25}}=-\sqrt{\left(\dfrac{1}{5}\right)^2}=-\dfrac{1}{5}$

　(3) $\sqrt{75}÷\sqrt{5}×3=\dfrac{5\sqrt{3}×3}{\sqrt{5}}=\dfrac{15\sqrt{3}×\sqrt{5}}{\sqrt{5}×\sqrt{5}}$
　　　$=\dfrac{15\sqrt{15}}{5}=3\sqrt{15}$

　(4) $\sqrt{24}+\sqrt{6}-\sqrt{150}=2\sqrt{6}+\sqrt{6}-5\sqrt{6}$
　　　$=(2+1-5)\sqrt{6}$
　　　$=-2\sqrt{6}$

　(5) $\dfrac{1}{\sqrt{2}}+\dfrac{3}{\sqrt{2}}=\dfrac{1+3}{\sqrt{2}}$
　　　$=\dfrac{4}{\sqrt{2}}$
　　　$=\dfrac{4\sqrt{2}}{\sqrt{2}×\sqrt{2}}$
　　　$=\dfrac{4\sqrt{2}}{2}$
　　　$=2\sqrt{2}$

　(6) $\sqrt{5}-\dfrac{6}{\sqrt{5}}=\sqrt{5}-\dfrac{6\sqrt{5}}{\sqrt{5}×\sqrt{5}}$
　　　$=\sqrt{5}-\dfrac{6\sqrt{5}}{5}$

$$= \frac{5\sqrt{5} - 6\sqrt{5}}{5}$$
$$= -\frac{\sqrt{5}}{5}$$

(7) $-\sqrt{3} \times 4 + \sqrt{27} = -4\sqrt{3} + 3\sqrt{3}$
$$= (-4+3)\sqrt{3}$$
$$= -\sqrt{3}$$

(8) $\sqrt{32} \div \sqrt{4} \div \sqrt{4} = \dfrac{\sqrt{32}}{\sqrt{4} \times \sqrt{4}}$
$$= \frac{4\sqrt{2}}{4} = \sqrt{2}$$

② (1) $(2.8)^2 = 7.84$, $4^2 = 16$ より，
  $7.84 < a < 16$ となる a は，
    $a = 8$, 9, 10, 11, 12, 13, 14, 15

(2) 25未満で自然数の2乗となるのは，
  $4^2 = 16$, $3^2 = 9$, $2^2 = 4$, $1^2 = 1$
  より，a は，
    $25 - 16 = 9$
    $25 - 9 = 16$
    $25 - 4 = 21$
    $25 - 1 = 24$

③ (1) $a^2 - 4a - 12 = a^2 + (-6+2)a + (-6) \times 2$
$$= (a-6)(a+2)$$
$$= (\sqrt{3} + 2 - 6)(\sqrt{3} + 2 + 2)$$
$$= (\sqrt{3} - 4)(\sqrt{3} + 4)$$
$$= (\sqrt{3})^2 - 4^2$$
$$= 3 - 16$$
$$= -13$$

(2) $x^2 - xy + y^2$
$= (\sqrt{3} + \sqrt{2})^2 - (\sqrt{3} + \sqrt{2})(\sqrt{3} - \sqrt{2}) + (\sqrt{3} - \sqrt{2})^2$
$= (\sqrt{3})^2 + 2 \times \sqrt{2} \times \sqrt{3} + (\sqrt{2})^2 - \{(\sqrt{3})^2 - (\sqrt{2})^2\}$
$\quad + (\sqrt{3})^2 - 2 \times \sqrt{2} \times \sqrt{3} + (\sqrt{2})^2$
$= 3 + 2\sqrt{6} + 2 - (3-2) + 3 - 2\sqrt{6} + 2$
$= 5 + 2\sqrt{6} - 1 + 5 - 2\sqrt{6}$
$= 9$

④ (1) $\sqrt{5} = 2.23\cdots$ より，
    $5 - 2.23 = 2.77$
  だから，$5 - \sqrt{5}$ の小数部分は，
    $5 - \sqrt{5} - 2 = 3 - \sqrt{5}$

(2) $3^2 < 10 < 4^2$ より，$\sqrt{10}$ の小数部分 a は，
    $a = \sqrt{10} - 3$
  よって，
    $a(a+6) = (\sqrt{10} - 3)(\sqrt{10} - 3 + 6)$
$$= (\sqrt{10} - 3)(\sqrt{10} + 3)$$
$$= (\sqrt{10})^2 - 3^2$$
$$= 10 - 9$$
$$= 1$$

⑤ (1)
123.5　　　124　　　124.5

(2) $124 - 123.5 = 0.5$ (mm)

(3) 有効数字は，1，2，4
    $124 = 1.24 \times 10^2$

───ミス注意！───
1mm 未満を四捨五入 → 0.1mm を四捨五入。
1mm の位の数字は，信頼できる。
──────────────

⑥ $A = 10a + b$ とおくと，$B = 10b + a$ だから，
  $\sqrt{A+B} = \sqrt{11(a+b)}$
  $\sqrt{A-B} = \sqrt{9(a-b)}$
$$= 3\sqrt{a-b}$$

A は2けたで一の位が0でないから，
  $2 \leqq a+b \leqq 18$，$-8 \leqq a-b \leqq 8$
よって，$\sqrt{A+B}$，$\sqrt{A-B}$ がともに自然数になるためには，$(a+b,\ a-b) = (11,\ 1)$，$(11,\ 4)$ でなければならない。
a，b はともに1けたの自然数だから，$(a,\ b) = (6,\ 5)$

1 2次方程式とその解き方

STEP 1 要点チェック

テストの 要点 を書いて確認　　　　本冊 P.34

① (1) $x=\pm\sqrt{15}$　　(2) $x=-1\pm\sqrt{2}$

STEP 2 基本問題　　　　本冊 P.35

1 (1) $x=\pm2$　　(2) $x=\pm3$　　(3) $x=\pm\dfrac{7}{2}$

2 (1) $x=1,\ -3$　　(2) $x=3\pm\sqrt{10}$

　(3) $x=-5\pm2\sqrt{6}$　　(4) $x=2,\ -4$

3 (1) $x=\dfrac{3\pm\sqrt{5}}{2}$　　(2) $x=2\pm\sqrt{7}$

　(3) $x=\dfrac{-2\pm\sqrt{2}}{2}$　　(4) $x=\dfrac{-1\pm\sqrt{13}}{6}$

4 (1) $x=0,\ -11$　　(2) $x=2,\ -5$

　(3) $x=4,\ 5$

解 説

1 (1) $4x^2=16$
　　$x^2=4$
　　$x=\pm\sqrt{4}$
　　$x=\pm2$

　(2) $3x^2-27=0$
　　$3x^2=27$
　　$x^2=9$
　　$x=\pm\sqrt{9}$
　　$x=\pm3$

　(3) $4x^2-49=0$
　　$4x^2=49$
　　$x^2=\dfrac{49}{4}$
　　$x=\pm\sqrt{\dfrac{49}{4}}$
　　$x=\pm\dfrac{7}{2}$

2 (1) $x^2+2x-3=0$
　　$x^2+2x=3$
　　$x^2+2x+1=3+1$
　　$(x+1)^2=4$
　　$x+1=\pm2$
　　$x=-1+2,\ -1-2$
　　$x=1,\ -3$

　(2) $x^2-6x-1=0$
　　$x^2-6x=1$
　　$x^2-6x+3^2=1+3^2$
　　$(x-3)^2=10$
　　$x-3=\pm\sqrt{10}$
　　$x=3\pm\sqrt{10}$

　(3) 両辺を2でわると
　　$x^2+10x+1=0$
　　$x^2+10x=-1$
　　$x^2+10x+5^2=-1+5^2$
　　$(x+5)^2=24$

　　$x+5=\pm\sqrt{24}$
　　$x+5=\pm2\sqrt{6}$
　　$x=-5\pm2\sqrt{6}$

　(4) 両辺を3でわって
　　$x^2+2x-8=0$
　　$x^2+2x=8$
　　$x^2+2x+1^2=8+1^2$
　　$(x+1)^2=9$
　　$x+1=\pm3$
　　$x=-1+3,\ -1-3$
　　$x=2,\ -4$

3 (1) $x^2-3x+1=0$
　　$x=\dfrac{-(-3)\pm\sqrt{(-3)^2-4\times1\times1}}{2\times1}$
　　　$=\dfrac{3\pm\sqrt{9-4}}{2}$
　　　$=\dfrac{3\pm\sqrt{5}}{2}$

　(2) $x^2=4x+3$
　　$x^2-4x-3=0$
　　$x=\dfrac{-(-4)\pm\sqrt{(-4)^2-4\times1\times(-3)}}{2\times1}$
　　　$=\dfrac{4\pm\sqrt{16+12}}{2}$
　　　$=\dfrac{4\pm2\sqrt{7}}{2}$
　　　$=2\pm\sqrt{7}$

　(3) $2x^2+4x+1=0$
　　$x=\dfrac{-4\pm\sqrt{4^2-4\times2\times1}}{2\times2}$
　　　$=\dfrac{-4\pm\sqrt{8}}{4}$
　　　$=\dfrac{-4\pm2\sqrt{2}}{4}$
　　　$=\dfrac{-2\pm\sqrt{2}}{2}$

　(4) $3x^2+x-1=0$
　　$x=\dfrac{-1\pm\sqrt{1^2-4\times3\times(-1)}}{2\times3}$
　　　$=\dfrac{-1\pm\sqrt{13}}{6}$

4 (1) $11x^2+121x=0$
　　$11x(x+11)=0$
　　$x=0,\ x+11=0$
　　$x=0,\ -11$

　(2) $(x-2)(x+5)=0$
　　$x-2=0,\ x+5=0$
　　$x=2,\ -5$

　(3) $x^2-9x+20=0$
　　$(x-4)(x-5)=0$
　　$x-4=0,\ x-5=0$
　　$x=4,\ 5$

1 (1) $x=\pm\sqrt{6}$　　(2) $x=\pm\dfrac{3\sqrt{3}}{2}$

(3) $x=\pm\dfrac{2\sqrt{35}}{5}$　　(4) $x=\pm\dfrac{1}{2}$

2 (1) $x=2\pm2\sqrt{3}$　　(2) $x=\dfrac{-3\pm\sqrt{17}}{2}$

(3) $x=1,\ -\dfrac{1}{2}$　　(4) $x=\dfrac{1\pm\sqrt{10}}{9}$

3 (1) $x=\dfrac{-3\pm\sqrt{29}}{2}$　　(2) $x=3\pm\sqrt{5}$

(3) $x=\dfrac{-2\pm\sqrt{7}}{3}$　　(4) $x=-\dfrac{1}{5},\ -1$

4 (1) $x=7,\ -2$　　(2) $x=8,\ -3$

(3) $x=1,\ 6$　　(4) $x=\dfrac{7\pm\sqrt{73}}{2}$

5 $a=-6,\ b=8$

6 $k=-\dfrac{13}{3}$

解説

1 (1) $3x^2-18=0$
両辺を3でわって
$x^2-6=0$
$x^2=6$
$x=\pm\sqrt{6}$

(2) $4x^2=27$
両辺を4でわって
$x^2=\dfrac{27}{4}$
$x=\pm\sqrt{\dfrac{27}{4}}$
$x=\pm\dfrac{3\sqrt{3}}{2}$

(4) $6x^2-\dfrac{3}{2}=0$

$6x^2=\dfrac{3}{2}$

両辺を6でわって
$x^2=\dfrac{1}{4}$

$x=\pm\sqrt{\dfrac{1}{4}}$

$x=\pm\dfrac{1}{2}$

2 (1) $x^2-4x-8=0$
$x^2-4x=8$
$x^2-4x+2^2=8+2^2$
$(x-2)^2=12$
$x-2=\pm\sqrt{12}$
$x=2\pm2\sqrt{3}$

(2) $x^2+3x-2=0$
$x^2+3x=2$
$x^2+3x+\left(\dfrac{3}{2}\right)^2=2+\left(\dfrac{3}{2}\right)^2$
$\left(x+\dfrac{3}{2}\right)^2=\dfrac{17}{4}$
$x+\dfrac{3}{2}=\pm\sqrt{\dfrac{17}{4}}$
$x=\dfrac{-3\pm\sqrt{17}}{2}$

(3) $2x^2-x-1=0$
両辺を2でわって
$x^2-\dfrac{1}{2}x=\dfrac{1}{2}$
$x^2-\dfrac{1}{2}x+\left(\dfrac{1}{4}\right)^2=\dfrac{1}{2}+\left(\dfrac{1}{4}\right)^2$
$\left(x-\dfrac{1}{4}\right)^2=\dfrac{9}{16}$
$x-\dfrac{1}{4}=\pm\dfrac{3}{4}$
$x=\dfrac{1}{4}+\dfrac{3}{4},\ \dfrac{1}{4}-\dfrac{3}{4}$
$x=1,\ -\dfrac{1}{2}$

(4) $3x^2-\dfrac{2}{3}x-\dfrac{1}{3}=0$
両辺を3でわって
$x^2-\dfrac{2}{9}x=\dfrac{1}{9}$
$x^2-\dfrac{2}{9}x+\left(\dfrac{1}{9}\right)^2=\dfrac{1}{9}+\left(\dfrac{1}{9}\right)^2$
$\left(x-\dfrac{1}{9}\right)^2=\dfrac{10}{81}$
$x-\dfrac{1}{9}=\pm\sqrt{\dfrac{10}{81}}$
$x=\dfrac{1\pm\sqrt{10}}{9}$

3 (1) $x^2+3x-5=0$
$x=\dfrac{-3\pm\sqrt{3^2-4\times1\times(-5)}}{2\times1}$
$=\dfrac{-3\pm\sqrt{29}}{2}$

(2) $x^2-6x+4=0$
$x=\dfrac{-(-6)\pm\sqrt{(-6)^2-4\times1\times4}}{2\times1}$
$=\dfrac{6\pm\sqrt{20}}{2}$
$=\dfrac{6\pm2\sqrt{5}}{2}$
$=3\pm\sqrt{5}$

(3) $3x^2+4x-1=0$
$x=\dfrac{-4\pm\sqrt{4^2-4\times3\times(-1)}}{2\times3}$
$=\dfrac{-4\pm\sqrt{28}}{6}$
$=\dfrac{-4\pm2\sqrt{7}}{6}$
$=\dfrac{-2\pm\sqrt{7}}{3}$

(4) $5x^2+6x+1=0$

$x=\dfrac{-6\pm\sqrt{6^2-4\times5\times1}}{2\times5}$

$=\dfrac{-6\pm\sqrt{16}}{10}$

$=\dfrac{-6\pm4}{10}$

$x=-\dfrac{1}{5},\ -1$

4 (1) $x^2-5x-14=0$
左辺を因数分解して
$(x-7)(x+2)=0$
$x-7=0,\ x+2=0$
$x=7,\ -2$

(2) $0.3x^2-1.5x-7.2=0$
両辺を10倍して
$3x^2-15x-72=0$
両辺を3でわって
$x^2-5x-24=0$
$(x-8)(x+3)=0$
$x-8=0,\ x+3=0$
$x=8,\ -3$

(3) $(x-2)(x-5)=4$
$x^2-7x+10=4$
$x^2-7x+6=0$
$(x-1)(x-6)=0$
$x-1=0,\ x-6=0$
$x=1,\ 6$

(4) $(x-2)^2-3(x+2)-4=0$
$x^2-4x+4-3x-6-4=0$
$x^2-7x-6=0$
$x=\dfrac{-(-7)\pm\sqrt{(-7)^2-4\times1\times(-6)}}{2\times1}$
$=\dfrac{7\pm\sqrt{73}}{2}$

5 $x^2+ax+b=0$……①
①に$x=2$を代入して
$2^2+a\times2+b=0$
$2a+b=-4$……②
①に$x=4$を代入して
$4^2+a\times4+b=0$
$4a+b=-16$……③
③－② $2a=-12,\ a=-6$
②に$a=-6$を代入して
$2\times(-6)+b=-4$
$b=8$

6 $x^2-6x+5=0$
$(x-1)(x-5)=0$
$x=1,\ 5$
$\dfrac{x+k}{2}-4=2k+3x$に$x=1$を代入して
$\dfrac{1+k}{2}-4=2k+3\times1$
両辺を2倍して
$1+k-8=4k+6$
$k-4k=-1+8+6$
$-3k=13$
$k=-\dfrac{13}{3}$

STEP 1 **要点チェック**

テストの要点を書いて確認 本冊 P.38

① 7

STEP 2 **基本問題** 本冊 P.39

1 2, 4

2 100cm

3 4秒後

解 説

1 ある正の数を$x(x>0)$とすると, xを2乗してから8を
たすと, もとの数の6倍になることから,
$x^2+8=6x$
$x^2-6x+8=0$
$(x-2)(x-4)=0$
$x=2,\ 4$
どちらも$x>0$だから, ある正の数は2, 4

2 縦と横にそれぞれ$x$cmずつ$(x>0)$長くしたとすると,
面積について,
$(x+60)(x+80)=60\times80\times6$
$x^2+140x+4800=28800$
$x^2+140x-24000=0$
$(x+240)(x-100)=0$
$x=-240,\ 100$
$x>0$より, $x=100$
よって, 長くした部分の長さは100cm

3 点P, Qが出発してからx秒後の△APQの面積は,
$\dfrac{1}{2}\times x\times x=\dfrac{1}{2}x^2(\text{cm}^2)$
よって, △APQの面積が8cm²になるとき,
$\dfrac{1}{2}x^2=8$
$x^2=16$
$x=\pm4$
$x>0$より, $x=4$
よって, 4秒後に△APQの面積は8cm²になる。

STEP 3 **得点アップ問題** 本冊 P.40

1 6

2 7, 21

3 4cm

4 2秒後

5 3m

6 2cm

解 説

1 ある正の数を$x(x>0)$とすると, 条件より,
$x^2=2x+24$
$x^2-2x-24=0$
$(x-6)(x+4)=0$
$x=-4,\ 6$
$x>0$より, $x=6$
よって, ある正の数は6

2 2つの整数のうち一方を$x(x>0)$とすると，もう一方は$28-x$

これが正より，$28-x>0$，$x<28$

よって，$0<x<28\cdots$①

2つの整数の積が147より，

$x(28-x)=147$

$28x-x^2=147$

$x^2-28x+147=0$

$(x-7)(x-21)=0$

$x=7,\ 21$

どちらも①を満たしていて，$7+21=28$となることから，2つの整数は7，21

3 長くした部分を$x\,\text{cm}(x>0)$とすると，面積について，

$(x+6)^2\times3.14=314$

$(x+6)^2=100$

$x+6=\pm10$

$x=4,\ -16$

$x>0$より，$x=4$

よって，長くした部分の長さは4cm

4 投げてからx秒後$(x>0)$に落ちた距離が60mになったとすると，

$20x+5x^2=60$

$x^2+4x-12=0$

$(x+6)(x-2)=0$

$x=-6,\ 2$

$x>0$より，$x=2$

よって，投げてから2秒後に落ちた距離が60mになる。

5 道を端によせて考える。道の幅を$x\,\text{m}(x>0)$とすると，面積について，

$(12-x)(15-x)=108$

$x^2-27x+180=108$

$x^2-27x+72=0$

$(x-3)(x-24)=0$

$x=3,\ 24$

道の幅は土地の縦の長さより短いから

$0<x<12$

よって，$x=3$

ゆえに，道の幅は3m

> **ミス注意！**
> 道の幅の条件を忘れないようにする。

6 △APQの面積が12cm²になるのがx秒後$(x>0)$とすると，点Qについて，$AQ=2x$より，$2x\leqq8$，$x\leqq4$

よって，$0<x\leqq4\cdots$①

△APQの面積について，$AP=8-x\,(\text{cm})$より，

$(8-x)\times2x\times\dfrac{1}{2}=12$

$8x-x^2=12$

$x^2-8x+12=0$

$(x-2)(x-6)=0$

$x=2,\ 6$

①より，$x=2$

よって，2秒後に△APQの面積は12cm²になることから，点Pから2cm動いている。

❶ (1) $x=\pm2$　　(2) $x=\pm2\sqrt{3}$　　(3) $x=\pm6$

(4) $x=-4\pm\sqrt{3}$　　(5) $x=1\pm\sqrt{7}$

(6) $x=4\pm\sqrt{11}$　　(7) $x=\dfrac{3\pm\sqrt{3}}{2}$

(8) $x=\dfrac{3\pm\sqrt{29}}{10}$　　(9) $x=-6$

(10) $x=-5,\ 12$

❷ $a=6$　　もう一つの解 $x=-2$

❸ イ

❹ (1) 39　　(2) $2n-1$　　(3) $n=13$

❺ 12cm

> **解説**

❶ (1) $8x^2=32$

$x^2=4$

$x=\pm2$

(2) $4x^2-48=0$

$4x^2=48$

$x^2=12$

$x=\pm2\sqrt{3}$

(3) $\dfrac{1}{3}x^2-12=0$

$x^2-36=0$

$x^2=36$

$x=\pm6$

(4) $(x+4)^2=3$

$x+4=\pm\sqrt{3}$

$x=-4\pm\sqrt{3}$

(5) $x^2-2x=6$

$x^2-2x+1=6+1$

$(x-1)^2=7$

$x-1=\pm\sqrt{7}$

$x=1\pm\sqrt{7}$

(6) $x=\dfrac{-(-8)\pm\sqrt{(-8)^2-4\times1\times5}}{2\times1}$

$=\dfrac{8\pm\sqrt{44}}{2}$

$=\dfrac{8\pm2\sqrt{11}}{2}$

$=4\pm\sqrt{11}$

(7) $x=\dfrac{-(-6)\pm\sqrt{(-6)^2-4\times2\times3}}{2\times2}$

$=\dfrac{6\pm\sqrt{12}}{4}$

$=\dfrac{6\pm2\sqrt{3}}{4}$

$=\dfrac{3\pm\sqrt{3}}{2}$

(8) $x=\dfrac{-(-3)\pm\sqrt{(-3)^2-4\times5\times(-1)}}{2\times5}$

$=\dfrac{3\pm\sqrt{29}}{10}$

(9) $x^2+12x+36=0$

$(x+6)^2=0$

$x=-6$

(10) $2x^2-14x-120=0$
  $x^2-7x-60=0$
  $(x-12)(x+5)=0$
  $x=-5,\ 12$

❷ $x^2+ax+8=0$に$x=-4$を代入して,
  $(-4)^2+a\times(-4)+8=0$
  $16-4a+8=0$
  よって, $a=6$となり, もとの方程式は,
  $x^2+6x+8=0$
  $(x+2)(x+4)=0$
  $x=-2,\ -4$
  よって, 1つの解が-4であるとき, もう1つの解は,
  $x=-2$

❸ $x^2+2x-2=0$の解は,
  $x=\dfrac{-2\pm\sqrt{2^2-4\times1\times(-2)}}{2\times1}$
  $=\dfrac{-2\pm\sqrt{12}}{2}$
  $=\dfrac{-2\pm2\sqrt{3}}{2}$
  $=-1\pm\sqrt{3}$
  $1<3<2^2$より, $1<\sqrt{3}<2$
  よって, 解$-1+\sqrt{3}$は,
  $1-1<-1+\sqrt{3}<2-1$
  $0<-1+\sqrt{3}<1$
  にある。よって, もう1つの解$-1-\sqrt{3}$は,
  $-2-1<-1-\sqrt{3}<-1-1$
  $-3<-1-\sqrt{3}<-2$
  にあることから, あてはまるのは**イ**。

❹ (1)(2) 左からn番目の奇数は$2n-1$と表される。よって, $n=20$のとき,
  $2\times20-1=39$
  (3) 1番目は1
  2番目までの和は, $1+3=4=2^2$
  3番目までの和は,
  $1+3+5=9=3^2$
  より, n番目までの和はn^2となる。このとき, 和が169となるのは,
  $n^2=169$
  $n=\pm13$
  $n\geqq1$より, $n=13$

❺ 最初の正方形の1辺の長さを$x$cmとすると,
  $x-2\times2>0$より, $x>4$
  切り取ったあとの底面積は,
  $(x-4)^2(\text{cm}^2)$
  よって, 容積について,
  $(x-4)^2\times2=128$
  $(x-4)^2=64$
  $x-4=\pm8$
  $x=12,\ -4$
  $x>4$より, $x=12$
  よって最初の正方形の1辺の長さは12cm

1 関数 $y=ax^2$ とその性質

STEP **1** 要点チェック

テストの **要点** を書いて確認　　　　本冊 P.44

① (1) $\dfrac{1}{2}x^2$　　(2) 12

STEP **2** 基本問題　　　　本冊 P.45

⬜1 (1) $y=2x^2$　　(2) $y=2x^2$　　(3) $y=-x^2$
  (4) $y=\dfrac{1}{3}x^2$

⬜2 (1) 32　　(2) -3　　(3) $\dfrac{1}{2}$

⬜3 (1) $4\leqq y\leqq64$　　(2) $0\leqq y\leqq\dfrac{1}{3}$
  (3) $-\dfrac{9}{2}\leqq y\leqq0$

解説

⬜1 (1) $y=ax^2$に$x=-1$, $y=2$を代入して,
  $2=a\times(-1)^2$
  $a=2$
  よって, $y=2x^2$
  (2) $y=ax^2$に$x=2$, $y=8$を代入して,
  $8=a\times2^2$
  $4a=8$
  $a=2$
  よって, $y=2x^2$
  (3) $y=ax^2$に$x=-2$, $y=-4$を代入して,
  $-4=a\times(-2)^2$
  $4a=-4$
  $a=-1$
  よって, $y=-x^2$
  (4) $y=ax^2$に$x=3$, $y=3$を代入して,
  $3=a\times3^2$
  $9a=3$
  $a=\dfrac{1}{3}$
  よって, $y=\dfrac{1}{3}x^2$

⬜2 (1) (変化の割合)$=\dfrac{4\times6^2-4\times2^2}{6-2}$
  $=\dfrac{4\times(36-4)}{4}$
  $=32$
  (2) (変化の割合)$=\dfrac{-3\times2^2-(-3)\times(-1)^2}{2-(-1)}$
  $=\dfrac{-3\times(4-1)}{3}$
  $=-3$
  (3) (xの増加量)$=4-(-2)=6$
  (yの増加量)$=\dfrac{1}{4}\times4^2-\dfrac{1}{4}\times(-2)^2=3$

$$（変化の割合）＝\frac{3}{6}＝\frac{1}{2}$$

ミス注意！

分子がyの増加量，分母がxの増加量である。逆にしないように注意する。

3 (1) $y＝4x^2$は，$1\leqq x\leqq4$のとき，
　　$x＝1$で最小値$4\times1^2＝4$，
　　$x＝4$で最大値$4\times4^2＝64$
　　をとるから，yの変域は，
　　$$4\leqq y\leqq64$$

(2) $y＝\frac{1}{3}x^2$は，$-\frac{1}{3}\leqq x\leqq1$のとき，
　　$x＝0$で最小値0，
　　$x＝1$で最大値$\frac{1}{3}\times1^2＝\frac{1}{3}$
　　をとるから，yの変域は，
　　$$0\leqq y\leqq\frac{1}{3}$$

(3) $y＝-\frac{1}{2}x^2$は，$-2\leqq x\leqq3$のとき，
　　$x＝3$で最小値$-\frac{1}{2}\times3^2＝-\frac{9}{2}$，
　　$x＝0$で最大値0
　　をとるから，yの変域は，
　　$$-\frac{9}{2}\leqq y\leqq0$$

STEP 3 得点アップ問題　　　本冊 P.46

1 (1) $y＝4\pi x^2$　　　(2) $y＝2\pi x^2$

(3) $y＝6x^2$　　　(4) $y＝\frac{1}{2}x^2$

2 (1) $a＝3$　　(2) $\frac{3}{4}$　　　(3) -3

(4) $0\leqq y\leqq75$

3 (1) $a＝\frac{1}{4}$　　　(2)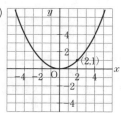

4 (1) $A\left(-3,\ \frac{9}{2}\right)$　$B\left(1,\ \frac{1}{2}\right)$

(2) $y＝-x+\frac{3}{2}$　　　(3) 1　　　(4) $0\leqq y\leqq\frac{9}{2}$

(5) 3

5 (1) -3　　(2) $a＝1$　　　(3) $a＝\frac{1}{2}$

6 (1) $a＝-6$　　　(2) $a＝-10$

解説

1 (1) $y＝4\pi\times x^2＝4\pi x^2$

(2) $y＝\frac{1}{3}\times\pi x^2\times6$
　　　$＝2\pi x^2$

(3) 1つの面の表面積は$x^2\mathrm{cm}^2$
　　よって，立方体の表面積は，
　　　$y＝6x^2$

(4) $y＝\frac{1}{2}\times x^2＝\frac{1}{2}x^2$

ミス注意！

単位をつけなくてもよいことに注意する。

2 (1) $y＝ax^2$に$x＝3$，$y＝27$を代入して，
　　　$27＝a\times3^2$
　　　$9a＝27$
　　　$a＝3$

(2) $y＝3x^2$に$x＝\frac{1}{2}$を代入して，
　　　$y＝3\times\left(\frac{1}{2}\right)^2＝\frac{3}{4}$

(3) $（変化の割合）＝\frac{3\times\{1^2-(-2)^2\}}{1-(-2)}$
　　　　　　　　$＝\frac{3\times(1-4)}{3}$
　　　　　　　　$＝-3$

(4) $y＝3x^2$は，$-5\leqq x\leqq\frac{1}{3}$のとき，
　　$x＝0$で最小値0，
　　$x＝-5$で最大値$3\times(-5)^2＝75$
　　をとるから，yの変域は，
　　　$0\leqq y\leqq75$

3 (1) $y＝ax^2$に$x＝2$，$y＝1$を代入して，
　　　$1＝a\times2^2$
　　　$4a＝1$
　　　$a＝\frac{1}{4}$

(2) $y＝\frac{1}{4}x^2$は$(2,\ 1)$，$(4,\ 4)$，$(-2,\ 1)$，$(-4,\ 4)$
　　を通る曲線になる。

4 (1) $y＝\frac{1}{2}x^2$に$x＝-3$を代入して，
　　　$y＝\frac{1}{2}\times(-3)^2＝\frac{9}{2}$
　　よって，Aの座標は$\left(-3,\ \frac{9}{2}\right)$
　　　$y＝\frac{1}{2}x^2$に$x＝1$を代入して，
　　　$y＝\frac{1}{2}\times1^2＝\frac{1}{2}$
　　よって，Bの座標は$\left(1,\ \frac{1}{2}\right)$

(2) $y＝-x+k$とおく。
　　$x＝1$，$y＝\frac{1}{2}$を代入すると，
　　　$\frac{1}{2}＝-1+k$
　　よって，$k＝\frac{3}{2}$となり，
　　　$y＝-x+\frac{3}{2}$

(3) $(x$の増加量$)=3-(-1)=4$

$(y$の増加量$)=\dfrac{1}{2}\times3^2-\dfrac{1}{2}\times(-1)^2=4$

$(変化の割合)=\dfrac{4}{4}=1$

(4) $x=0$で最小値0

$x=-3$で最大値$\dfrac{9}{2}$

(5) $\dfrac{1}{2}\times\dfrac{3}{2}\times3+\dfrac{1}{2}\times\dfrac{3}{2}\times1$

$=\dfrac{9}{4}+\dfrac{3}{4}=3$

5 (1) $(変化の割合)=\dfrac{-3\times2^2-(-3)\times(-1)^2}{2-(-1)}$

$=\dfrac{-3\times(4-1)}{3}$

$=-3$

(2) $(変化の割合)=\dfrac{-3\times a^2-(-3)\times(-3)^2}{a-(-3)}$

$=\dfrac{-3(a^2-9)}{a+3}=6$

$-3(a^2-9)=6(a+3)$

$a^2-9=-2a-6$

$a^2+2a-3=0$

$(a+3)(a-1)=0$

$a=-3,\ 1$

aは-3以外の数だから，$a=1$

(3) $(変化の割合)=\dfrac{-3\times(a+2)^2-(-3)\times a^2}{a+2-a}$

$=\dfrac{-3(a^2+4a+4-a^2)}{2}$

$=\dfrac{-3(4a+4)}{2}=-9$

$4a+4=-9\times\left(-\dfrac{2}{3}\right)$

$4a+4=6$

$4a=6-4$

$4a=2$

$a=\dfrac{1}{2}$

6 (1) $x=-2$のとき，$y=-\dfrac{1}{2}\times(-2)^2=-2$

$x=a$のとき，$y=-\dfrac{1}{2}a^2$が-18となる。

$-\dfrac{1}{2}a^2=-18$

$a^2=(-18)\times(-2)$

$a^2=36$

$a=\pm6$

$a\leqq-2$だから，$a=-6$

(2) yの最大値が0だから，$a<0\cdots①$

$x=2$のとき，$y=-\dfrac{1}{2}\times2^2=-2$

よって，$x=a$のとき最小値-50をとることから，

$-\dfrac{1}{2}a^2=-50$

$a^2=(-50)\times(-2)$

$a^2=100$

$a=\pm10$

①より，$a=-10$

---

2 いろいろな関数の利用

STEP 1 要点チェック

テストの **要点** を書いて確認　　　本冊 P.48

① (1) ① 122.5

(2) ② 進んだ距離　　③ かかった時間

④ 変化の割合

STEP 2 基本問題　　本冊 P.49

1 (1) 5m　　(2) 35m/秒

2 (1) $S=\dfrac{5}{2}x$　　(2) (4, 4)

3 (1) 600円　　(2) 2400円

解説

1 (1) $y=5x^2$に$x=1$を代入して，

$y=5\times1^2$

$=5$

よって，落下し始めてから1秒間で落下する距離は5m。

(2) $(平均の速さ)=\dfrac{5\times5^2-5\times2^2}{5-2}$

$=\dfrac{5\times(25-4)}{3}$

$=5\times7$

$=35(m/秒)$

2 (1) △OABについて，OBを底辺とみると，高さはAのx座標だから，△OABの面積は，

$S=\dfrac{1}{2}\times5\times x$

$S=\dfrac{5}{2}x$

(2) $S=10$より，(1)から，

$\dfrac{5}{2}x=10$

$x=10\times\dfrac{2}{5}=4$

$y=\dfrac{1}{4}\times4^2=4$

よって，A(4, 4)

3 (1) 3才以上9才未満の入館料は600円だから，7才の子供1人の入館料は600円。

(2) 5才の子供1人の入館料は600円で，9才と12才の子供1人の入館料は900円だから，兄弟3人の入館料の合計は，

$600+900\times2=2400(円)$

STEP 3 得点アップ問題　　本冊 P.50

1 (1) $y=\dfrac{3}{2}x^2$　　(2) 6秒　　(3) $\dfrac{21}{2}$ m/秒

(4) 15m/秒

2 (1) 300m　　(2) $y=\dfrac{1}{3}x^2$　　(3) 20m/秒

(4) 12m/秒

3 (1) 10秒後　　(2) $2 \leqq x \leqq 8$　　(3) $y = \dfrac{1}{2}x^2$

(4) $y = -\dfrac{1}{2}(x-6)(x-10)$

4 (1) A$(-1,\ 1)$　　B$(2,\ 4)$

(2) $y = x+2$　　(3) 1cm^2　　(4) 3cm^2

(5) $(1,\ 1)$

解　説

1 (1) $y = ax^2$に$x = 4$，$y = 24$を代入して，

$$24 = a \times 4^2$$
$$16a = 24$$
$$a = \dfrac{3}{2}$$

よって，$y = \dfrac{3}{2}x^2$

(2) $y = \dfrac{3}{2}x^2$に$y = 54$を代入して，

$$54 = \dfrac{3}{2}x^2$$
$$x^2 = 54 \times \dfrac{2}{3}$$
$$x^2 = 36$$
$$x = \pm 6$$

$x > 0$だから，$x = 6$

よって，転がり始めてから54m進むのにかかる時間は6秒。

(3) （かかった時間）$= 6 - 1 = 5$（秒）

（転がる距離）$= \dfrac{3}{2} \times 6^2 - \dfrac{3}{2} \times 1^2 = \dfrac{105}{2}$（m）

（平均の速さ）$= \dfrac{105}{2} \div 5 = \dfrac{21}{2}$（m／秒）

(4) （かかった時間）$= 6 - 4 = 2$（秒）

（転がる距離）$= \dfrac{3}{2} \times 6^2 - \dfrac{3}{2} \times 4^2 = 30$（m）

（平均の速さ）$= \dfrac{30}{2} = 15$（m／秒）

2 (1) $20 \times 15 = 300$（m）

(2) 電車が出発してから15秒後に自動車は駅を通過し，その15秒後に電車に追いつくことから，電車は30秒間で300m進んだ。

よって，$y = ax^2$に$x = 30$，$y = 300$を代入して，

$$300 = a \times 30^2$$
$$900a = 300$$
$$a = \dfrac{300}{900}$$
$$= \dfrac{1}{3}$$

となることから，$y = \dfrac{1}{3}x^2$

(3) 自動車の速さは一定だから20m／秒

(4) （かかった時間）$= 20 - 16 = 4$（秒）

（進む距離）$= \dfrac{1}{3} \times 20^2 - \dfrac{1}{3} \times 16^2 = 48$（m）

（平均の速さ）$= \dfrac{48}{4} = 12$（m／秒）

3 (1) △PQRが長方形ABCDを通過したときに$y = 0$となる。このとき，点Qは，

$$8 + 2 = 10\text{（cm）}$$

進んだことになるから，

$$10 \div 1 = 10\text{（秒後）}$$

(2) △PQRの面積は，

$$\dfrac{1}{2} \times 2 \times 2 = 2\text{（cm}^2\text{）}$$

よって，$y = 2$のとき，△PQRは長方形ABCDの内部にあることから，

$$2 \leqq x \leqq 8$$

(3) x秒後に重なる部分は，BR$= x$cmを1辺とする直角二等辺三角形となる。

よって，$0 \leqq x \leqq 2$のとき，

$$y = \dfrac{1}{2} \times x \times x$$
$$= \dfrac{1}{2}x^2$$

(4) $8 \leqq x \leqq 10$のとき，x秒後に重なる部分は，△PQRから$x-8$（cm）を1辺とする直角二等辺三角形を除いた台形となる。よって，

$$y = 2 - \dfrac{1}{2} \times (x-8) \times (x-8)$$
$$= -\dfrac{1}{2}(x-6)(x-10)$$

4 (1) $y = x^2$に$x = -1$を代入して，

$$y = (-1)^2 = 1$$

よって，Aの座標は$(-1,\ 1)$

$y = x^2$に$x = 2$を代入して，

$$y = 2^2 = 4$$

よって，Bの座標は$(2,\ 4)$

(2) A$(-1,\ 1)$，B$(2,\ 4)$より，直線ℓの傾きは，

$$\dfrac{4-1}{2-(-1)} = 1$$

よって，$y = x + b$にA$(-1,\ 1)$を代入して，

$$1 = -1 + b$$
$$b = 2$$

ゆえに，直線ℓの方程式は$y = x + 2$

(3) △AODの面積は，ODを底辺とみると，高さは点Aのx座標の絶対値となることから，

$$\dfrac{1}{2} \times 2 \times 1 = 1\text{（cm}^2\text{）}$$

(4) △BODの面積は，ODを底辺とみると，高さは点Bのx座標となることから，

$$\dfrac{1}{2} \times 2 \times 2 = 2\text{（cm}^2\text{）}$$

よって，

$$\triangle\text{AOB} = \triangle\text{AOD} + \triangle\text{BOD}$$
$$= 1 + 2$$
$$= 3\text{（cm}^2\text{）}$$

(5) △ODEはOE＝DEの二等辺三角形である。よって，点Eのy座標は点Dのy座標の半分となり，

$$2 \times \dfrac{1}{2} = 1$$

$y = x^2$に$y = 1$を代入して，

$$1 = x^2$$
$$x = \pm 1$$

点Eのx座標は正より，$x = 1$

これより，点Eの座標は$(1,\ 1)$

定期テスト予想問題　　本冊 P.52

❶ (1) $y=\dfrac{1}{2}x^2$　　(2) $y=\dfrac{9}{2}$　　(3) $8\leqq y\leqq 18$

(4) $0\leqq y\leqq\dfrac{9}{2}$　　(5) -5

❷ (1) $a=2$　　(2) $a=-2$　　(3) $a=-\dfrac{1}{2}$

(4) $a=\dfrac{1}{4}$

❸ (1)

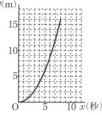

(2)① 毎秒 $\dfrac{3}{2}$m　② ウ　　(3) $\dfrac{15}{4}$m

解説

❶ (1) $y=ax^2$ に $x=2$, $y=2$ を代入して,
$$2=a\times 2^2$$
$$4a=2$$
$$a=\dfrac{1}{2}$$
よって, $y=\dfrac{1}{2}x^2$

(2) $y=\dfrac{1}{2}x^2$ に $x=-3$ を代入して,
$$y=\dfrac{1}{2}\times(-3)^2$$
$$=\dfrac{9}{2}$$

(3) $y=\dfrac{1}{2}x^2$ は, $-6\leqq x\leqq -4$ のとき,

$x=-4$ で最小値 $\dfrac{1}{2}\times(-4)^2=8$,

$x=-6$ で最大値 $\dfrac{1}{2}\times(-6)^2=18$

をとることから, y の変域は,
$$8\leqq y\leqq 18$$

(4) $y=\dfrac{1}{2}x^2$ は, $-2\leqq x\leqq 3$ のとき,

$x=0$ で最小値 0,

$x=3$ で最大値 $\dfrac{1}{2}\times 3^2=\dfrac{9}{2}$

をとることから, y の変域は,
$$0\leqq y\leqq\dfrac{9}{2}$$

(5) (変化の割合)$=\dfrac{8-18}{-4-(-6)}$
$$=\dfrac{-10}{2}$$
$$=-5$$

❷ (1) $y=ax^2$ に $x=-4$, $y=32$ を代入して,

$$32=a\times(-4)^2$$
$$16a=32$$
$$a=2$$

(2) (変化の割合)$=\dfrac{a\times(-1)^2-a\times(-5)^2}{-1-(-5)}$
$$=\dfrac{-24a}{4}$$
$$=-6a$$
よって,
$$-6a=12$$
$$a=-2$$

(3) x の変域が $-2\leqq x\leqq 1$ のとき y の変域が $-2\leqq y\leqq 0$
より, $x=-2$ で最小値 -2 をとることから,
$y=ax^2$ に $x=-2$, $y=-2$ を代入して,
$$-2=a\times(-2)^2$$
$$4a=-2$$
$$a=-\dfrac{1}{2}$$

(4) グラフは $(4, 4)$ を通ることから, $y=ax^2$ に $x=4$,
$y=4$ を代入して,
$$4=a\times 4^2$$
$$a=\dfrac{1}{4}$$

❸ (2)① ボールが転がる距離は $y=\dfrac{1}{4}x^2$ だから, $x=6$ の
とき
$$y=\dfrac{1}{4}\times 6^2$$
$$=\dfrac{1}{4}\times 36$$
$$=9$$
よって, 一郎さんは6秒間に9m移動したから,
求める速さは,
$$9\div 6=\dfrac{3}{2}\,(\text{m/秒})$$

② 同時にA地点を出発してから6秒後, A地点か
ら9mの地点までは一郎さんが先行し, その先
はボールが先行する。

(3) ボールが転がり始めてから x 秒後の次郎さんのA
地点からの距離を zm とする。
次郎さんは毎秒4mの速さで進むから, $z=4x+b$,
$x=4$ のとき, $z=y=\dfrac{1}{4}\times 4^2=4$ となるので,
$$4=4\times 4+b$$
$$b=-12$$
よって, $z=4x-12$
次郎さんがB地点に到着するとき, $z=16$ より,
$$16=4x-12$$
$$x=7$$
したがって, 次郎さんとボールの距離は,
$$16-\dfrac{1}{4}\times 7^2=\dfrac{15}{4}\,(\text{m})$$

1 相似な図形

テストの**要点**を書いて確認
本冊 P.54

① (1) ①辺の比　　②角　　(2) ③2：1

※①，②順不同

本冊 P.55

1 (1) 30°　　(2) 8cm　　(3) 1：2

2 組：△ABC∽△IHG

　　相似条件：2組の辺の比とその間の角がそれぞれ等しい。

3 (1) 1：3

　　(2) 21m

解 説

1 (1) △ABC∽△EDFより，対応する角の大きさが等しいことから，

　　　∠A＝∠E＝30°

　(2) 対応する辺の比は等しいことから，

　　　AB：ED＝CB：FD

　　　6：12＝4：FD

　　　6×FD＝12×4

　　　6FD＝48

　　　FD＝8cm

　(3) 相似比は対応する辺の比に等しいことから，

　　　AB：ED＝6：12

　　　　　　　＝1：2

2 △ABCと△IHGについて，

　CA：GI＝4：4.8＝5：6＝BC：HG　…①

　△ABCと△IHGについて，

　　　∠C＝∠G＝90°　…②

　①，②より，2組の辺の比とその間の角がそれぞれ等しいことから，

　　　△ABC∽△IHG

ミス注意!

> 辺の長さが小数の場合も整数の場合と同様に辺の比を考えることができる。

3 (1) 対応する辺の比は相似比に等しいことから，

　　　AB：EF＝4：12

　　　　　　　＝1：3

　(2) (1)より，相似比が1：3であることから，対応する辺の比より，

　　　BC：FG＝1：3

　　　7：FG＝1：3

　　　1×FG＝7×3

　　　FG＝21m

本冊 P.56

1 (1) △ADB，△BDC

　(2) $\dfrac{225}{17}$ cm

2 (1) (証明)△DEFと△BCFについて，対頂角は等し

いので，

　　　∠DFE＝∠BFC　…①

　AD∥BCより，錯角が等しいので，

　　　∠DEF＝∠BCF　…②

　①，②より，2組の角がそれぞれ等しいので，

　　　△DEF∽△BCF

　(2) 1：2

3 (1) (証明)△ABEと△DFEについて，対頂角は等しいので，

　　　∠AEB＝∠DEF　…①

　AB∥CFより，錯角が等しいので，

　　　∠BAE＝∠FDE　…②

　①，②より，2組の角がそれぞれ等しいので，

　　　△ABE∽△DFE

　(2) (証明)△EFDと△BFCについて，共通な角は等しいので，

　　　∠EFD＝∠BFC　…①

　AD∥BCより，同位角が等しいので，

　　　∠FED＝∠FBC　…②

　①，②より，2組の角がそれぞれ等しいので，

　　　△EFD∽△BFC

　(3) 1：4

4 (1) 232cm

　(2) 162cm

解 説

1 (1) △ABCと△ADBについて，共通な角は等しいので，

　　　∠BAC＝∠DAB　…①

　仮定より，

　　　∠ABC＝∠ADB＝90°　…②

　①，②より，2組の角がそれぞれ等しいので，

　　　△ABC∽△ADB

　△ABCと△BDCについて，共通な角は等しいので，

　　　∠ACB＝∠BCD　…③

　仮定より，

　　　∠ABC＝∠BDC＝90°　…④

　③，④より，2組の角がそれぞれ等しいので，

　　　△ABC∽△BDC

　(2) △ABC∽△BDCより，対応する辺の比は等しいので，

　　　AC：BC＝BC：DC

　　　17：15＝15：DC

　　　17×CD＝15×15

　　　CD＝$\dfrac{225}{17}$ cm

2 (2) △DEF∽△BCFより，対応する辺の比は等しい。

　また，仮定より，

　　　DE＝$\dfrac{1}{2}$BC

　よって，

$$EF : CF = DE : BC$$
$$= \frac{1}{2} : 1$$
$$= 1 : 2$$

3 (3) △ABE∽△DFEより，対応する辺の比は等しい。
また，仮定より，
$$AE : ED = 4 : 1$$
よって，
$$AB : DF = AE : DE$$
$$= 4 : 1 \quad \cdots ①$$
ここで，四角形ABCDは平行四辺形だから，
$$CD = AB \quad \cdots ②$$
①，②より，
$$FD : DC = FD : AB$$
$$= 1 : 4$$

4 (1) 棒の長さと影の長さの比は，
$$90 : 120 = 3 : 4$$
よって，身長174cmの人がP地点に立ったときにできる影の長さは，
$$174 \times \frac{4}{3} = 232 \text{(cm)}$$

(2) 影の長さが216cmのとき，人の身長は(1)の式より，
$$216 \times \frac{3}{4} = 162 \text{(cm)}$$

ミス注意！
棒の長さと影の長さの対応をまちがえないよう注意する。

---

2 平行線と比

STEP 1 要点チェック

テストの **要点** を書いて確認
本冊 P.58

① ①BC ②AE ③$\frac{1}{2}$

STEP 2 基本問題
本冊 P.59

1 $x = 12$　　$y = 16$

2 (1) 7cm　　　(2) 11cm

3 $x = 10$　　$y = 7$

解説

1 DE∥BCより，
$$AD : DB = AE : EC$$
$$3 : 9 = 4 : x$$
$$3 \times x = 9 \times 4$$
$$3x = 36$$
$$x = 12$$
また，
$$AD : AB = DE : BC$$
$$3 : (3+9) = 4 : y$$
$$3 : 12 = 4 : y$$
$$3 \times y = 12 \times 4$$
$$3y = 48$$
$$y = 16$$

2 (1) AD∥EF∥BCより，GはACの中点である。
△ABCについて，中点連結定理より，

$$EG = \frac{1}{2} \times BC$$
$$= \frac{1}{2} \times 14$$
$$= 7 \text{(cm)}$$

(2) △ACDについて，中点連結定理より，
$$FG = \frac{1}{2} \times AD$$
$$= \frac{1}{2} \times 8$$
$$= 4 \text{(cm)}$$
よって，EFの長さは，
$$EF = EG + GF$$
$$= 7 + 4$$
$$= 11 \text{(cm)}$$

3 △ABEと△DCEについて，対頂角は等しいので，
$$\angle AEB = \angle DEC \quad \cdots ①$$
AB∥CDより，錯角は等しいので，
$$\angle EAB = \angle EDC \quad \cdots ②$$
①，②より，2組の角がそれぞれ等しいので，
$$△ABE ∽ △DCE$$
対応する辺の比は等しいことから，
$$BE : CE = AB : DC$$
$$5 : x = 4 : 8$$
$$4 \times x = 5 \times 8$$
$$4x = 40$$
$$x = 10$$
同様にして，
$$AB : DC = AE : DE$$
$$4 : 8 = y : 14$$
$$8 \times y = 4 \times 14$$
$$8y = 56$$
$$y = 7$$

ミス注意！
BEと対応するのはCE，AEと対応するのはDEであることに注意する。

STEP 3 得点アップ問題
本冊 P.60

1 (1) $\frac{27}{2}$　　(2) 10

2 (1) 5 : 7　　(2) 5 : 2

3 (証明)△DEFと△CBFについて，対頂角が等しいので，
$$\angle DFE = \angle CFB \quad \cdots ①$$
D，Eはそれぞれ辺AB，ACの中点より，中点連結定理より，DE∥BC
よって，錯角が等しいので，
$$\angle FDE = \angle FCB \quad \cdots ②$$
①，②より，2組の角がそれぞれ等しいので，
$$△DEF ∽ △CBF$$

4 (1) 18　　(2) 12

解説

1 (1) DE∥BCより，
$$AD : AB = DE : BC$$

22

本冊 P.62
（左段）

$4:(4+5)=6:x$
$4:9=6:x$
$4 \times x=9 \times 6$
$4x=54$
$x=\dfrac{27}{2}$

(2) 右の図のように点を定める。 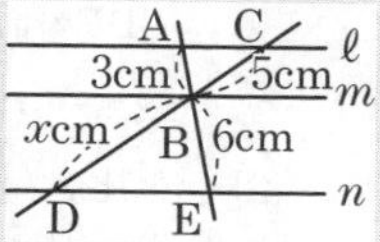
△ABCと△EBDについて，対頂角が等しいので，
　　∠ABC＝∠EBD　…①
$\ell \parallel n$より，錯角は等しいので，
　　∠BAC＝∠BED　…②
①，②より，2組の角がそれぞれ等しいので，
　　△ABC∽△EBD
よって，対応する辺の比が等しいことから，
　　BA：BE＝BC：BD
　　$3:6=5:x$
　　$3 \times x=6 \times 5$
　　$3x=30$
　　$x=10$
(注)平行線と比の性質を用いてもよい。

2 (1) △AGDと△EGBについて，対頂角は等しいので，
　　∠AGD＝∠EGB　…①
AD∥BEより，錯角は等しいので，
　　∠GAD＝∠GEB　…②
①，②より，2組の角がそれぞれ等しいので，
　　△AGD∽△EGB
よって，対応する辺の比は等しいことから，
　　AG：EG＝AD：EB
ここで，仮定より，
　　BC：CE＝5：2
だから，
　　AD：BE＝BC：(BC＋CE)
　　　　　　＝5：(5＋2)
　　　　　　＝5：7
ゆえに，AG：GE＝5：7

ミス注意!
平行四辺形より，AD＝BCであることに注意する。

(2) △AFDと△EFCについて，対頂角が等しいので，
　　∠AFD＝∠EFC　…①
AD∥BEより，錯角は等しいので，
　　∠DAF＝∠CEF　…②
①，②より，2組の角がそれぞれ等しいので，
　　△AFD∽△EFC
よって，対応する辺の比は等しいことから，
　　DF：CF＝DA：CE
　　　　　　＝BC：CE
　　　　　　＝5：2

4 (1) DE∥BCより，
　　AE：EC＝AD：DB
　　　　　　＝3：6
　　　　　　＝1：2
∠ABCについて，角の二等分線の性質より，
　　BA：BC＝AE：EC
　　(6＋3)：x＝1：2
　　$9:x=1:2$
　　$x=9 \times 2$
　　$x=18$

（右段）

(2) 右の図のように，BDとEFの交点をGとする。 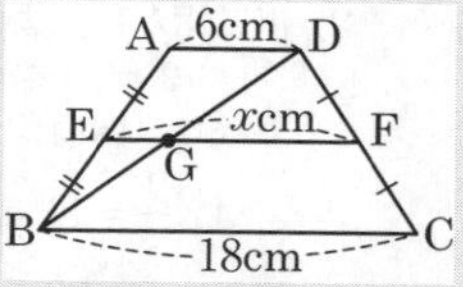
AD∥EF∥BCより，GはBDの中点である。よって，
△BADについて，中点連結定理より，
　　EG＝$\dfrac{1}{2}$×AD
　　　　＝$\dfrac{1}{2}$×6
　　　　＝3(cm)
また，△BCDについて，中点連結定理より，
　　FG＝$\dfrac{1}{2}$×BC
　　　　＝$\dfrac{1}{2}$×18
　　　　＝9(cm)
よって，
　　EF＝EG＋FG
　　　　＝3＋9
　　　　＝12(cm)

3 相似な図形の面積と体積

STEP 1 要点チェック

テストの 要点 を書いて確認　本冊 P.62

① ①2：1　　②4：1　　③8：1

STEP 2 基本問題　本冊 P.63

1 (1) 5cm
　　(2) 3cm²

2 (1) 1：2
　　(2) 16cm²
　　(3) 16cm³

3 (1) 2：1
　　(2) 28cm²

解説

1 (1) BC＝8cm，EF＝2cmより，△ABCと△DEFの相似比は，
　　　8：2＝4：1
これより，周の長さの比も4：1となることから，△DEFの周の長さは，
　　　$20 \times \dfrac{1}{4}=5$(cm)

(2) 相似比が4：1より，面積比は，
　　　$4^2:1^2=16:1$
よって，△DEFの面積は，
　　　$48 \times \dfrac{1}{16}=3$(cm²)

2 (1) 点E，F，Gはそれぞれ辺AB，AC，ADの中点より，
　　　AE：AB＝AF：AC＝AG：AD
　　　　　　　＝1：2
よって，相似比は1：2

23

(2) 相似比が1：2より，表面積の比は，
$$1^2 : 2^2 = 1 : 4$$
よって，四面体AEFGの表面積は，
$$64 \times \frac{1}{4} = 16 \,(\text{cm}^2)$$

(3) 相似比が1：2より，体積比は，$1^3 : 2^3 = 1 : 8$
よって，四面体AEFGの体積は，
$$128 \times \frac{1}{8} = 16 \,(\text{cm}^3)$$

3 (1) △AFDと△EFBについて，対頂角は等しいから，
$$\angle AFD = \angle EFB \quad \cdots ①$$
AD∥BCより，錯角は等しいから，
$$\angle FAD = \angle FEB \quad \cdots ②$$
①，②より，2組の角がそれぞれ等しいことから，
$$\triangle AFD \varpropto \triangle EFB$$
相似な図形の対応する辺の比と相似比は等しくなるので，相似比は，
$$AD : EB = 2 : 1$$

(2) 相似比が2：1より，面積比は，
$$2^2 : 1^2 = 4 : 1$$
よって，△AFDの面積は，
$$7 \times 4 = 28 \,(\text{cm}^2)$$

STEP 3 得点アップ問題　　　　　　本冊 P.64

1 (1) 24cm²　　(2) 32cm²　　(3) 98cm²

2 (1) 27cm²　　(2) 54πcm³　　(3) 38πcm³

3 (1) 9：4　　(2) 108πcm³　　(3) 76πcm³

4 (1) 45cm²　　(2) 5cm²　　(3) 45cm²

5 (1) 15cm²　　(2) $\dfrac{105}{2}$ cm²

6 (1) $\dfrac{1}{9}$倍　　(2) 78cm³　　(3) 2：1

解説

1 (1) △ADEと△CBEについて，対頂角は等しいので，
$$\angle AED = \angle CEB \quad \cdots ①$$
AD∥BCより，錯角は等しいので，
$$\angle DAE = \angle BCE \quad \cdots ②$$
①，②より，2組の角がそれぞれ等しいので，
$$\triangle ADE \varpropto \triangle CBE$$
相似な図形の対応する辺の比は等しいことから，
$$AE : CE = AD : CB$$
$$= 3 : 4$$
よって，△CDEの面積は，
$$18 \times \frac{4}{3} = 24 \,(\text{cm}^2)$$

(2) △ADEと△CBEの相似比が3：4より，面積比は，
$$3^2 : 4^2 = 9 : 16$$
よって，△BECの面積は，
$$18 \times \frac{16}{9} = 32 \,(\text{cm}^2)$$

(3) $$DE : BE = AD : CB$$
$$= 3 : 4$$
よって，△ABEの面積は，
$$18 \times \frac{4}{3} = 24 \,(\text{cm}^2)$$
台形ABCDの面積は，
$$\triangle ABE + \triangle BCE + \triangle CDE + \triangle ADE$$
$$= 24 + 32 + 24 + 18$$

$$= 98 \,(\text{cm}^2)$$

2 (1) $$CE : CB = 2 : (1+2)$$
$$= 2 : 3$$
よって，△CDEと△CABの相似比は，2：3
相似比が2：3より，面積比は，
$$2^2 : 3^2 = 4 : 9$$
△CDEの面積が12cm²より，△ABCの面積は，
$$12 \times \frac{9}{4} = 27 \,(\text{cm}^2)$$

(2) 相似比が2：3より，体積比は，
$$2^3 : 3^3 = 8 : 27$$
よって，BCを軸に△ABCを1回転させてできる立体の体積は，
$$16\pi \times \frac{27}{8} = 54\pi \,(\text{cm}^3)$$

> **ミス注意！**
> 回転してできる立体は円錐である。

(3) (2)より，
$$54\pi - 16\pi = 38\pi \,(\text{cm}^3)$$

3 (1) 水の入っている部分と容器の深さの比は，
$$6 : 9 = 2 : 3$$
よって，相似比は2：3となることから，面積比は，
$$2^2 : 3^2 = 4 : 9$$
ゆえに，底面積と水面の面積の比は，9：4

(2) 相似比が2：3より，体積比は，
$$2^3 : 3^3 = 8 : 27$$
水の量が32πcm³より，容器の容積は，
$$32\pi \times \frac{27}{8} = 108\pi \,(\text{cm}^3)$$

(3) 必要な水の量は，
$$108\pi - 32\pi = 76\pi \,(\text{cm}^3)$$

4 (1) △AEFと△CDFについて，対頂角は等しいので，
$$\angle AFE = \angle CFD \quad \cdots ①$$
AB∥CDより，錯角は等しいので，
$$\angle EAF = \angle DCF \quad \cdots ②$$
①，②より，2組の角がそれぞれ等しいので，
$$\triangle AEF \varpropto \triangle CDF$$
対応する辺の比と相似比は等しくなるので，相似比は，
$$AE : CD = 1 : 3$$
よって，面積比は，
$$1^2 : 3^2 = 1 : 9$$
となるから，△CDFの面積は，
$$5 \times 9 = 45 \,(\text{cm}^2)$$

(2) △AFGと△CFBについて，対頂角は等しいので，
$$\angle AFG = \angle CFB \quad \cdots ①$$
AD∥BCより，錯角は等しいので，
$$\angle FAG = \angle FCB \quad \cdots ②$$
①，②より，2組の角がそれぞれ等しいので，
$$\triangle AFG \varpropto \triangle CFB$$
AF：FC＝1：3より，△AFDの面積は，
$$45 \times \frac{1}{3} = 15 \,(\text{cm}^2)$$
AG：AD＝1：3より，△AFGの面積は，
$$15 \times \frac{1}{3} = 5 \,(\text{cm}^2)$$

(3) △AFGと△CFBの相似比は1：3より，面積比は，
$$1^2 : 3^2 = 1 : 9$$
よって，△BCFの面積は，
$$5 \times 9 = 45 \,(\text{cm}^2)$$

5 (1) ADとBEの延長の交点を
Gとする。
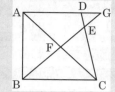
△BCEと△GDEについ
て，対頂角は等しいので，
∠BEC＝∠GED …①
DG∥BCより，錯角は等
しいので，
∠BCE＝∠GDE …②
①，②より，2組の角がそれぞれ等しいので，
△BCE∽△GDE
EG：EB＝DE：EC
＝DG：BC
＝1：4 …③
△AFGと△CFBについて，対頂角は等しいので，
∠AFG＝∠CFB …④
AG∥BCより，錯角は等しいので，
∠GAF＝∠BCF …⑤
④，⑤より，2組の角がそれぞれ等しいので，
△AFG∽△CFB
対応する辺の比から，
FG：FB＝AG：CB
＝1：1 …⑥
③，⑥より，
BF：FE：EG＝5：3：2
よって，△BCFの面積は，
$9 \times \dfrac{5}{3} = 15 (cm^2)$

(2) △BCEの面積は，
$9 + 15 = 24 (cm^2)$…⑦
△BCEと△GDEの相似比は4：1より，面積比は，
$4^2 : 1^2 = 16 : 1$
よって，△GDEの面積は，
$24 \times \dfrac{1}{16} = \dfrac{3}{2} (cm^2)$…⑧
AF：FC＝1：1より，△AFBの面積は，△BCF
と等しく15cm²　…⑨
また，△AFGの面積も△BCFの面積と等しく
15cm²　…⑩
⑦～⑩より，台形ABCDの面積は，
△ABF＋△BCE＋△AFG－△GDE
$= 15 + 24 + 15 - \dfrac{3}{2}$
$= 54 - \dfrac{3}{2}$
$= \dfrac{105}{2} (cm^2)$

6 (1) 切り口の三角形と底面の三角形の相似比は，
$1 : (1+2) = 1 : 3$
面積比は，$1^2 : 3^2 = 1 : 9$となることから，切り口
の面積は，底面積の
$1 \div 9 = \dfrac{1}{9} (倍)$

(2) 小さい方の立体と四面体ABCDの体積比は，
$1^3 : 3^3 = 1 : 27$
よって，小さい方の立体の体積は，
$81 \times \dfrac{1}{27} = 3 (cm^3)$
となるので，大きい方の立体の体積は，
$81 - 3 = 78 (cm^3)$

(3) $\dfrac{8}{27} = \left(\dfrac{2}{3}\right)^3$だから，小さい方の立体と四面体
ABCDの相似比は，2：3
よって，
AP：PB＝2：(3－2)
＝2：1

第5章 | 相似な図形
定期テスト予想問題　本冊 P.66

1 （証明）△ABCと△DBAについて，共通な角は等しい
ので，
∠ABC＝∠DBA …①
仮定より，
∠BAC＝∠BDA＝90° …②
①，②より，2組の角がそれぞれ等しいので，
△ABC∽△DBA
△ABCと△DACについて，共通な角は等しいので，
∠ACB＝∠DCA …③
仮定より，
∠BAC＝∠ADC＝90° …④
③，④より，2組の角がそれぞれ等しいので，
△ABC∽△DAC
△DBAと△DACについて，
仮定より，
∠BDA＝∠ADC＝90°…⑤
∠BAD＋∠ABD＝90°…⑥
∠BAD＋∠CAD＝90°…⑦
⑥，⑦より
∠ABD＝∠CAD …⑧
⑤，⑧より，2組の角がそれぞれ等しいので，
△DBA∽△DAC

2 (1) $\dfrac{30}{7}$　　(2) $\dfrac{12}{5}$

3 $\dfrac{21}{2}$

4 （証明）△DCEと△AFEについて，対頂角は等しいの
で，
∠DEC＝∠AEF …①
仮定より，
∠DCE＝∠AFE＝60°…②
①，②より，2組の角がそれぞれ等しいので，
△DCE∽△AFE

5 840cm³

解説

② (1) AE＝DE＝xより，BE＝10－x
　　△ABC∽△DBEだから，
　　　AC：BC＝DE：BE
　　これより，
　　　　6：8＝x：(10－x)
　　これを解いて，$x＝\dfrac{30}{7}$

(2) △ABF∽△CDFより，
　　　AF：FC＝AB：CD＝4：6＝2：3
　　△CFE∽△CABより，
　　　EF：BA＝CF：CA＝3：(2＋3)＝3：5
　　AB＝4より，
　　　5EF＝12　　EF＝$\dfrac{12}{5}$

③ 6：(15－6)＝7：xより，
　　6x＝7×9
　　$x＝\dfrac{21}{2}$

⑤ 水の入っている部分と容器の相似比は，1：2
　よって，体積比は
　　$1^3 : 2^3 = 1 : 8$
　となることから，いっぱいになるのに必要な水の量は，
　　120×(8－1)＝840(cm³)

---

1 円周角の定理

STEP 1 要点チェック

テストの 要点 を書いて確認　　本冊 P.68

① (1) 50°

　(2) 25°

STEP 2 基本問題　　本冊 P.69

1 (1) 60°　　(2) 270°

2 (1) ∠x＝60°，∠y＝20°

　　(2) ∠x＝100°，∠y＝40°

3 ①と③

解説

1 (1) 円の中心角は円周角の2倍である。よって，
　　　∠x＝30°×2＝60°
(2) 円の中心角は円周角の2倍である。よって，
　　　∠x＝135°×2
　　　　＝270°

2 (1) 三角形の内角と外角の関係より，
　　　∠x＝40°＋20°＝60°
　　円周角の定理より，∠y＝20°
(2) 弧を同じくする円の中心角は円周角の2倍である。よって，∠x＝50°×2＝100°
　　OBとOCは円の半径であるので長さが等しい。
　　よって，△OBCは二等辺三角形であり，
　　∠OBC＝∠OCB
　　　∠y＝(180°－100°)×$\dfrac{1}{2}$＝40°

3 4点A，B，C，Dが同じ円周上にあるというためには，円周角の定理の逆が成り立つような等しい角度の関係があることが必要である。
①について，三角形の内角と外角の関係より，
　　∠CBD＝65°－37°＝28°
よって，∠CBD＝∠CAD＝28°
円周角の定理の逆より，4点A，B，C，Dは同じ円周上にある。
③について，△ABCと△DCBにおいて，BCは共通，AB＝DC，∠ABC＝∠DCBより2組の辺とその間の角がそれぞれ等しいので，△ABC≡△DCB
よって，∠BAC＝∠CDB
ゆえに，円周角の定理の逆より，4点A，B，C，Dは同じ円周上にある。

> **ミス注意！**
> どの角度を求めれば円周角の定理の逆を使えるかを先に考える。

STEP 3 得点アップ問題　　本冊 P.70

1 (1) 25°　　(2) 50°　　(3) 35°

　(4) 85°　　(5) 15°　　(6) 10°

　(7) 90°　　(8) 130°

2 (1) 115°　　(2) 35°

3 ∠x＝50°，∠y＝60°

4 (1) 49° (2) 92°

1 (1) 円周角の定理より，
$$\angle DCA = \angle DBA = 65°$$
また，ACは円の直径なので，$\angle ABC = 90°$
よって，$\angle x = 90° - 65° = 25°$

(2) 弧を同じくする円の中心角は円周角の2倍である。よって，$\angle BOC = 2\angle x$
また，△OBCはOB＝OCの二等辺三角形なので，
$$2\angle x + 40° + 40° = 180°$$
よって，
$$\angle x = \frac{1}{2} \times (180° - 80°) = 50°$$

(3) △OABはOA＝OBの二等辺三角形である。また，△OBCもOB＝OCの二等辺三角形である。よって，
$$\angle ABC = 20° + \angle x = 55°, \quad \angle x = 35°$$

(4) 円周角の定理より，$\angle ABD = \angle ACD = 60°$
また，三角形の内角と外角の関係より，
$$\angle x = 60° + 25° = 85°$$

(5) 円周角の定理より，
$$\angle CDB = \angle CEB = 40°, \quad \angle AFB = \angle AEB = \angle x$$
よって，$\angle x = 55° - 40° = 15°$

(6) 円周角の定理より，
$$\angle BAC = \angle CDB = \angle x$$
また，ACは円の直径なので，$\angle ADC = 90°$
よって，$\angle x = 90° - 80° = 10°$

(7) △OABはOA＝OBの二等辺三角形なので，
$$\angle OAB = \angle OBA = 15°$$
△OACはOA＝OCの二等辺三角形なので，
$$\angle OAC = \angle OCA = 30°$$
よって，
$$\angle BAC = 15° + 30° = 45°$$
また，弧を同じくする円の中心角は円周角の2倍なので，
$$\angle x = 45° \times 2 = 90°$$

(8) 弧を同じくする円の中心角は円周角の2倍なので，
$$\angle BOC = 2 \times \angle BAC = 80°$$
同様に，
$$\angle DOC = 2 \times \angle DEC = 50°$$
よって，
$$\angle x = 80° + 50° = 130°$$

2 (1) 円に内接する四角形の向かいあう角の和は180°
よって，
$$\angle x = 180° - 65° = 115°$$

(2) 弧を同じくする円の中心角は円周角の2倍なので，
$$\angle BOC = 2\angle x$$
また，△DABと△DOCについて，
$$2\angle x + 20° = \angle x + 55°$$
よって，$\angle x = 35°$

3 円周角の定理より，
$$\angle ABD = \angle ACD = 40°$$
また，ACは円の直径なので，$\angle ABC = 90°$
よって，
$$\angle x = 90° - 40° = 50°$$
△ABCについて，
$$30° + 90° + \angle y = 180°$$
よって，
$$\angle y = 180° - 120° = 60°$$

4 (1) △ABEについて，
$$\angle ABE = 180° - (64° + 70°) = 46°$$
よって，$\angle ABD = \angle DCA$で，円周角の定理の逆より，4点A，B，C，Dは1つの円周上にある。
よって，
$$\angle CAD = \angle CBD = \angle x$$
△ACDについて，
$$\angle x + 85° + 46° = 180°$$
よって，$\angle x = 49°$

(2) △ABCについて，
$$\angle ACB = 180° - (38° + 106°) = 36°$$
$\angle ACB = \angle ADB$なので，円周角の定理の逆より4点A，B，C，Dは1つの円周上にある。
よって，円周角の定理より，
$$\angle BAC = \angle BDC = 38°$$
△DCEについて，
$$\angle x = 180° - (50° + 38°) = 92°$$

2 円周角の定理の利用

STEP 1 要点チェック

テストの **要点** を書いて確認　　　本冊 P.72

① 40°

STEP 2 基本問題　　　本冊 P.73

1 (1) 2 cm　(2) 3 cm　(3) 4 cm

2 (1) △DCP　(2) 2組の角がそれぞれ等しい

(3) $\dfrac{24}{7}$ cm

3 ①∠DBE，②∠BED，③2組の角がそれぞれ等しい

1 (1) 円外の1点から円にひいた2本の接線の長さは等しい。よってAR＝AP＝2cm

(2) (1)と同様にBP＝BQ＝3cm

(3) (1)と同様にCQ＝CRである。
CQ＝xとおくと，
$$AP + AR + BP + BQ + CQ + CR$$
$$= 2 + 2 + 3 + 3 + x + x = 18$$
よって，
$$x = (18 - 10) \times \frac{1}{2} = 4 \text{(cm)}$$

2 (1)(2) 円周角の定理より，$\angle ABP = \angle DCP$，
$$\angle BAP = \angle CDP$$
よって，△ABPと△DCPは2組の角がそれぞれ等しいので△ABP∽△DCPである。

(3) △ABP∽△DCPで，AB：DC＝7：6より，
$$DP = 4 \times \frac{6}{7} = \frac{24}{7} \text{(cm)}$$

3 △ACEと△BDEが相似の関係にあるとした場合，どの角が対応しているかをまず考える。

1

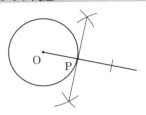

2 (1) 3 cm (2) 5 cm

(3) 38 cm

3 (証明)△ACPと△CBPについて，ACは直径だから，

∠ABC＝90°

よって，

∠CBP＝180°－90°＝90°…①

CPは円Oの接線より，

∠ACP＝90°…②

①，②より

∠ACP＝∠CBP…③

共通の角は等しいから，

∠APC＝∠CPB…④

③，④より，2組の角がそれぞれ等しいので，

△ACP∽△CBP

4 (証明)△DEGと△CBAについて，線分ACが直径であることと仮定より，

∠ABC＝∠GED＝90°…①

△DEGについて，

∠EDG＋∠DGE＝180°－90°＝90°…②

対頂角が等しいので，

∠DGE＝∠FGC…③

△CFGについて，

∠FGC＋∠GCF＝180°－90°＝90°…④

②，③，④より，

∠GDE＝∠GCF＝∠BCA…⑤

①，⑤より，2組の角がそれぞれ等しいので，

△DEG∽△CBA

5 (証明)△ABCと△BEDについて，$\overset{\frown}{BE}$に対する円周角の定理より，

∠ECB＝∠ACB＝∠BDE…①

AB∥CDより，錯角が等しいから，

∠ABC＝∠BCD…②

$\overset{\frown}{BD}$に対する円周角の定理より，

∠BED＝∠BCD…③

②，③より，

∠ABC＝∠BED…④

①，④より，2組の角がそれぞれ等しいので，

△ABC∽△BED

解 説

1 直線OPの延長上にOP＝PQとなる点Qをとる。OQの垂直二等分線が，点Pを通る円Oの接線である。

2 (1) 点Bから円Oにひいた2本の接線の長さは等しいから，BP＝BQ＝3 cm

(2) AP＝AB－BP＝8－3＝5(cm)

点Aから円Oにひいた2本の接線の長さは等しいから，AR＝AP＝5 cm

(3) 点Cから円Oにひいた2本の接線の長さは等しいから，CQ＝CR＝11 cm

よって，△ABCの周の長さは，

AB＋BC＋AC

＝(AP＋PB)＋(BQ＋QC)＋(CR＋AR)

＝(5＋3)＋(3＋11)＋(11＋5)

＝38 (cm)

第6章 円

定期テスト予想問題 本冊 P.76

1 (1) 96° (2) 36° (3) 55° (4) 80°

(5) 116° (6) 94°

2 (証明)△ABEについて，三角形の内角と外角の関係より

∠AEC＝∠BAE＋∠ABE

ここで，∠ABEは$\overset{\frown}{AC}$に対する円周角，∠BAEは$\overset{\frown}{BD}$に対する円周角である。

よって，∠AECは$\overset{\frown}{AC}$に対する円周角と$\overset{\frown}{BD}$に対する円周角の和である。

3 (証明)円周角の定理より，

∠BAD＝∠BCD，∠CAD＝∠CBD

また，条件より，∠CAD＝∠BADなので，

∠BCD＝∠CBD

2つの角が等しい三角形は二等辺三角形である。

よって，△DBCは二等辺三角形である。

4 (証明)△CDFと△ECFにおいて，

円周角の定理より，∠CDF＝∠CBO

また，△COBはOC＝OBの二等辺三角形なので，

∠CBO＝∠OCB

よって，∠CDF＝∠ECF，∠DFC＝∠CFE（共通）

なので，2組の角がそれぞれ等しいので，

△CDF∽△ECF

解 説

1 (1) ∠ACB＝yとおくと，∠AOB＝2y

△AODと△BCDについて，

20°＋2y＝58°＋y

よって，y＝38°

また，△BCDについて外角の定理より，

∠x＝58°＋38°＝96°

(2) CDは円の直径なので，∠CAD＝90°

よって，

$\angle ADC = 180° - (90° + 18°) = 72°$
$\overset{\frown}{AB} = \overset{\frown}{BC}$ より,
$\qquad \angle ADB = \angle BDC = \angle x$
よって, $\angle x = 72° \times \dfrac{1}{2} = 36°$

(3) AC は円の直径なので, $\angle ABC = 90°$
よって, $\angle DBC = 90° - 15° = 75°$
また, 円周角の定理より, $\angle DCA = \angle DBA = 15°$
よって, $\angle x = 180° - 75° - 15° - 35° = 55°$

(4) $\angle BOD = \angle BOC + \angle DOC = \angle x$
弧を同じくする円の中心角は円周角の 2 倍であるので, $\overset{\frown}{BC}$ について,
$\qquad \angle BOC = 2 \times \angle BAC = 17° \times 2 = 34°$
$\overset{\frown}{CD}$ について,
$\qquad \angle DOC = 2 \times \angle CED = 2 \times 23° = 46°$
よって, $\angle x = 34° + 46° = 80°$

(5) 三角形の内角と外角の関係より,
$\qquad \angle CBD = 64° - 32° = 32°$
$\overset{\frown}{AD} = \overset{\frown}{DC}$ より, $\angle CBD = \angle ABD = 32°$
円に内接する四角形の向かいあう角の和は180° なので,
$\qquad \angle ABC + \angle ADC = 32° \times 2 + \angle x = 180°$
よって, $\angle x = 116°$

(6) 弧を同じくする円の中心角は円周角の 2 倍であるので, $\overset{\frown}{AD}$ について,
$\qquad \angle AOD = 2 \times \angle ACD = 2 \times 35° = 70°$
同様に, $\overset{\frown}{AB}$ について,
$\qquad \angle ACB = \dfrac{1}{2} \times \angle AOB = \dfrac{1}{2} \times 48° = 24°$

△AOC は OA = OC の二等辺三角形なので,
$\angle OAC = \angle OCA = 24°$
よって, 三角形の内角と外角の関係より,
$\qquad \angle x = 70° + 24° = 94°$

---

1 三平方の定理

STEP 1 要点チェック

テストの 要点 を書いて確認 　　　　本冊 P.78

① ① $a^2 + b^2 = c^2$

② 三平方の定理(ピタゴラスの定理)

③ 直角三角形

STEP 2 基本問題 　　　　本冊 P.79

1 (1) 10　　(2) 2　　(3) $\sqrt{39}$　　(4) $\sqrt{74}$

2 (1) 直角三角形ではない。

(2) 直角三角形ではない。

(3) 直角三角形である。

解説

1 (1) x の辺を斜辺として, 三平方の定理より,
$\qquad 6^2 + 8^2 = x^2$
$\qquad x^2 = 100$
$\qquad x > 0$ より, $x = 10$

(2) $\sqrt{7}$ の辺を斜辺として, 三平方の定理より,
$\qquad (\sqrt{3})^2 + x^2 = (\sqrt{7})^2$
$\qquad x^2 = 7 - 3 = 4$
$\qquad x > 0$ より, $x = \sqrt{4} = 2$

(3) 8 の辺を斜辺として, 三平方の定理より,
$\qquad 5^2 + x^2 = 8^2$
$\qquad x^2 = 64 - 25 = 39$
$\qquad x > 0$ より, $x = \sqrt{39}$

(4) x の辺を斜辺として, 三平方の定理より,
$\qquad 5^2 + 7^2 = x^2$
$\qquad x^2 = 25 + 49 = 74$
$\qquad x > 0$ より, $x = \sqrt{74}$

2 (1) $4^2 = 16$, $7^2 = 49$, $(2\sqrt{10})^2 = 40$ より, 7cmの辺を斜辺とすると,
$\qquad 4^2 + (2\sqrt{10})^2 = 16 + 40 = 56$
より, 7^2 と $4^2 + (2\sqrt{10})^2$ は等しくないことから, この三角形は直角三角形ではない。

(2) $5^2 = 25$, $12^2 = 144$, $15^2 = 225$ より, 15cmの辺を斜辺とすると,
$\qquad 5^2 + 12^2 = 25 + 144 = 169$
より, 15^2 と $5^2 + 12^2$ は等しくないことから, この三角形は直角三角形ではない。

(3) $9^2 = 81$, $12^2 = 144$, $15^2 = 225$ より, 15cmの辺を斜辺とすると,
$\qquad 9^2 + 12^2 = 81 + 144$
$\qquad\qquad\quad = 225$
$\qquad\qquad\quad = 15^2$
よって, この三角形は直角三角形である。

STEP 3 得点アップ問題 　　　　本冊 P.80

1 (1) $\sqrt{113}$　　(2) $3\sqrt{13}$　　(3) 5　　(4) $4\sqrt{6}$

　　(5) $\sqrt{34}$　　(6) $2\sqrt{7}$

2 ウ, エ

3 (1) 6　　(2) 1　　(3) $2\sqrt{43}$　　(4) $\dfrac{17}{4}$

4 (証明)正方形ABCDの面積は，

$$\triangle AEH + \triangle BFE + \triangle CGF + \triangle DHG$$
$$+ \text{正方形EFGH} \quad \cdots ①$$

と等しい。また，それぞれの面積は，

$$\triangle AEH = \frac{1}{2}ab \quad \cdots ②$$

$$\triangle BFE = \frac{1}{2}ab \quad \cdots ③$$

$$\triangle CGF = \frac{1}{2}ab \quad \cdots ④$$

$$\triangle DHG = \frac{1}{2}ab \quad \cdots ⑤$$

$$\text{正方形EFGH} = c^2 \quad \cdots ⑥$$

となるので，①～⑥より，正方形ABCDの面積について，

$$(a+b)^2 = \frac{1}{2}ab \times 4 + c^2$$
$$a^2 + 2ab + b^2 = 2ab + c^2$$
$$a^2 + b^2 = c^2$$

よって，$a^2 + b^2 = c^2$ が成り立つ。

解 説

1 (1) xの辺を斜辺として，三平方の定理より，
$$7^2 + 8^2 = x^2$$
$$x^2 = 49 + 64 = 113$$
$$x > 0 \text{より，} x = \sqrt{113}$$

(2) xの辺を斜辺として，三平方の定理より，
$$6^2 + 9^2 = x^2$$
$$x^2 = 36 + 81 = 117$$
$$x > 0 \text{より，} x = \sqrt{117} = 3\sqrt{13}$$

(3) 13の辺を斜辺として，三平方の定理より，
$$x^2 + 12^2 = 13^2$$
$$x^2 = 13^2 - 12^2$$
$$= 169 - 144$$
$$= 25$$
$$x > 0 \text{より，} x = \sqrt{25} = 5$$

(4) 11の辺を斜辺として，三平方の定理より，
$$5^2 + x^2 = 11^2$$
$$x^2 = 11^2 - 5^2$$
$$= 121 - 25$$
$$= 96$$
$$x > 0 \text{より，} x = \sqrt{96} = 4\sqrt{6}$$

(5) xの辺を斜辺として，三平方の定理より，
$$3^2 + 5^2 = x^2$$
$$x^2 = 9 + 25 = 34$$
$$x > 0 \text{より，} x = \sqrt{34}$$

(6) 8の辺を斜辺として，三平方の定理より，
$$6^2 + x^2 = 8^2$$
$$x^2 = 8^2 - 6^2$$
$$= 64 - 36$$
$$= 28$$
$$x > 0 \text{より，} x = \sqrt{28} = 2\sqrt{7}$$

2 ア $4^2 = 16$，$12^2 = 144$，$13^2 = 169$ より，13cmの辺を斜辺とすると，
$$4^2 + 12^2 = 16 + 144 = 160$$
$4^2 + 12^2$ と 13^2 が等しくないことから，この三角形は直角三角形ではない。

イ $6^2 = 36$，$8^2 = 64$，$9^2 = 81$ より，9cmの辺を斜辺とす

ると，
$$6^2 + 8^2 = 36 + 64 = 100$$
$6^2 + 8^2$ と 9^2 が等しくないことから，この三角形は直角三角形ではない。

ウ $1^2 = 1$，$2.4^2 = 5.76$，$2.6^2 = 6.76$ より，2.6cmの辺を斜辺とすると，
$$1^2 + 2.4^2 = 1 + 5.76 = 6.76 = 2.6^2$$
よって，この三角形は直角三角形である。

エ $3^2 = 9$，$7^2 = 49$，$\left(2\sqrt{10}\right)^2 = 40$ より，7cmの辺を斜辺とすると，
$$3^2 + \left(2\sqrt{10}\right)^2 = 9 + 40 = 49 = 7^2$$
よって，この三角形は直角三角形である。

ミス注意！

根号がふくまれているときは，2乗して大小比較から斜辺となる長さを決める。

3 (1) $\triangle ABD$について，三平方の定理より，
$$x^2 + AD^2 = 9^2$$
$$AD^2 = 81 - x^2 \quad \cdots ①$$
$CD = 8 - x$ より，$\triangle ACD$について，三平方の定理より，
$$(8 - x)^2 + AD^2 = 7^2$$
$$64 - 16x + x^2 + AD^2 = 49$$
$$AD^2 = -x^2 + 16x - 15 \quad \cdots ②$$
①，②より，AD^2を消去して，
$$81 - x^2 = -x^2 + 16x - 15$$
$$16x = 81 + 15$$
$$= 96$$
$$x = 6$$

ミス注意！

AD^2は，AD^2のままで計算する。

(2) $\triangle ABD$について，三平方の定理より，
$$9^2 + AD^2 = 12^2$$
$$AD^2 = 12^2 - 9^2 = 63 \quad \cdots ①$$
$\triangle ACD$について，三平方の定理より，
$$x^2 + AD^2 = 8^2$$
$$AD^2 = 64 - x^2 \quad \cdots ②$$
①を②に代入して，
$$63 = 64 - x^2$$
$$x^2 = 1$$
$$x > 0 \text{より，} x = 1$$

(3) $\triangle ACD$について，三平方の定理より，
$$6^2 + AD^2 = 12^2$$
$$AD^2 = 144 - 36 = 108 \cdots ①$$
$\triangle ABD$について，三平方の定理より，
$$8^2 + AD^2 = x^2 \cdots ②$$
①を②に代入して，
$$8^2 + 108 = x^2$$
$$x^2 = 64 + 108 = 172$$
$$x > 0 \text{より，} x = \sqrt{172} = 2\sqrt{43}$$

(4) $\triangle ACD$について，三平方の定理より，
$$x^2 + AD^2 = 8^2$$
$$AD^2 = 64 - x^2 \quad \cdots ①$$
$BD = 6 - x$ より，$\triangle ABD$について，三平方の定理より，
$$(6 - x)^2 + AD^2 = 7^2$$
$$36 - 12x + x^2 + AD^2 = 49$$
$$AD^2 = -x^2 + 12x + 13 \quad \cdots ②$$
①，②からAD^2を消去して，
$$64 - x^2 = -x^2 + 12x + 13$$
$$12x = 64 - 13 = 51$$

$$x = \frac{17}{4}$$

2 三平方の定理の利用

STEP 1 要点チェック

テストの **要点** を書いて確認　　　本冊 P.82

① ① 29　② 38　③ $\sqrt{38}$

STEP 2 基本問題　本冊 P.83

1 $4\sqrt{3}$ cm

2 (1) $2\sqrt{119}$　(2) $6\sqrt{3}$

3 100π cm³

解 説

1 △ABCは正三角形より，△ABHは3つの角が30°，60°，90°の直角三角形である。
辺の比から，
$$AB : AH = 2 : \sqrt{3}$$
$$8 : AH = 2 : \sqrt{3}$$
$$2AH = 8\sqrt{3}$$
$$AH = 4\sqrt{3} \text{ (cm)}$$

2 (1) △OAHについて，三平方の定理より，
$$AH^2 + 5^2 = 12^2$$
$$AH^2 = 144 - 25 = 119$$
AH > 0より，AH = $\sqrt{119}$
Hは弦ABの中点だから，
$$x = 2AH = 2\sqrt{119}$$

ミス注意!
中心から弦にひいた垂線は弦を二等分することに注意する。

(2) △OABについて，三平方の定理より，
$$6^2 + x^2 = 12^2$$
$$x^2 = 144 - 36 = 108$$
x > 0より，$x = \sqrt{108} = 6\sqrt{3}$

3 △OACについて，三平方の定理より，
$$OA^2 + 5^2 = 13^2$$
$$OA^2 = 169 - 25 = 144$$
OA > 0より，OA = $\sqrt{144} = 12$ (cm)
よって，円錐の体積は，
$$\frac{1}{3} \times \pi \times 5^2 \times 12 = 100\pi \text{ (cm}^3)$$

STEP 3 得点アップ問題　本冊 P.84

1 (1) 3cm²　(2) $\sqrt{29}$ cm

2 (1) $\sqrt{34}$　(2) $2\sqrt{13}$

3 14cm

4 (1) $4\sqrt{2}$ cm　(2) $\dfrac{256\sqrt{2}}{3}$ cm³

5 $4\sqrt{65}$ cm

6 $20\sqrt{5}$ cm

解 説

1 (1) 右の図のように，BCの延長上にAHが垂線になるようにHをとる。
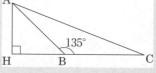
∠ABC = 135°より，
∠ABH = 180° − 135° = 45°
よって，△ABHは3つの角が45°，45°，90°の直角三角形になるから，辺の比より，
$$AB : AH = \sqrt{2} : 1$$
$$2\sqrt{2} : AH = \sqrt{2} : 1$$
$$\sqrt{2} AH = 2\sqrt{2}$$
$$AH = 2 \text{ (cm)}$$
△ABCの面積は，
$$\frac{1}{2} \times 3 \times 2 = 3 \text{ (cm}^2)$$

ミス注意!
辺の比がわかる直角三角形がでてくるように補助線をひく。

(2) △AHCについて，BH = 2cmなので，三平方の定理より，
$$(2+3)^2 + 2^2 = AC^2$$
$$AC^2 = 5^2 + 2^2 = 25 + 4 = 29$$
AC > 0より，AC = $\sqrt{29}$ (cm)

2 (1) E(2, 1)とすると，
$$AE = 4 - 1 = 3$$
$$BE = 2 - (-3) = 5$$
よって，△ABEについて，三平方の定理より，
$$5^2 + 3^2 = AB^2$$
$$AB^2 = 25 + 9 = 34$$
AB > 0より，AB = $\sqrt{34}$

(2) F(−2, −1)とすると，
$$CF = 5 - (-1) = 6$$
$$DF = 2 - (-2) = 4$$
よって，△CDFについて，三平方の定理より，
$$6^2 + 4^2 = CD^2$$
$$CD^2 = 36 + 16 = 52$$
CD > 0より，CD = $\sqrt{52} = 2\sqrt{13}$

3 △EFGについて，三平方の定理より，
$$EG^2 = 4^2 + 12^2$$
$$= 16 + 144$$
$$= 160 \quad \cdots ①$$
△AEGについて，三平方の定理より，
$$AG^2 = 6^2 + EG^2 \quad \cdots ②$$
①を②に代入して，
$$AG^2 = 36 + 160 = 196$$
AG > 0より，AG = $\sqrt{196} = 14$ (cm)

ミス注意!
AGは直角三角形△AEGの斜辺である。

4 (1) △ABCは45°，45°，90°の直角三角形だから，辺の比より，
$$AC : BC = \sqrt{2} : 1$$
$$AC : 8 = \sqrt{2} : 1$$
$$AC = 8\sqrt{2} \text{ (cm)}$$
HはACの中点だから，
$$AH = 8\sqrt{2} \div 2 = 4\sqrt{2} \text{ (cm)}$$
△AOHについて，三平方の定理より，

$(4\sqrt{2})^2 + OH^2 = 8^2$
$OH^2 = 8^2 - (4\sqrt{2})^2$
$= 64 - 32$
$= 32$
OH > 0より, OH = $\sqrt{32}$ = $4\sqrt{2}$ (cm)

(2) この立体の体積は,
$$\frac{1}{3} \times 8 \times 8 \times 4\sqrt{2} = \frac{256\sqrt{2}}{3}\ (\text{cm}^3)$$

5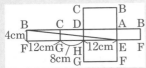

直方体の展開図は上のようになり, 線の長さが最短に
なるとき, 直角三角形BEFの斜辺BEと長さが等しく
なることから, 三平方の定理より,
$4^2 + (12+8+12)^2 = BE^2$
$BE^2 = 4^2 + 32^2$
$= 16 + 1024$
$= 1040$
BE > 0より, BE = $\sqrt{1040}$ = $4\sqrt{65}$ (cm)
よって, 線の長さが最短になるときの長さは$4\sqrt{65}$ cm

6 側面の展開図は
右の図のように
なる。線の長さ
が最短になると
き, 直角三角形
ABB'の斜辺AB'
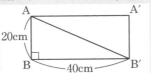
の長さと等しくなることから, 三平方の定理より,
$20^2 + 40^2 = AB'^2$
$AB'^2 = 400 + 1600 = 2000$
AB' > 0より, AB' = $\sqrt{2000}$ = $20\sqrt{5}$ (cm)
よって, 線の長さが最短になるときの長さは$20\sqrt{5}$ cm

第7章 三平方の定理
定期テスト予想問題 本冊 P.86

1 (1) $3\sqrt{3}$ (2) $4\sqrt{2}$

2 (1) $4\sqrt{3}$ cm² (2) $2\sqrt{3}$ cm²

3 P$\left(\dfrac{9}{2},\ 0\right)$ 長さ$4\sqrt{5}$

4 $\dfrac{5}{3}$ cm

5 $6+4\sqrt{2}$ (cm)

6 (1) $8\sqrt{2}$ cm (2) $3:4$ (3) $\dfrac{20\sqrt{2}}{7}$ cm

解説

1 (1) △OBCについて, 三平方の定理より,
$6^2 = 3^2 + BC^2$
$BC^2 = 36 - 9 = 27$
BC > 0より, BC = $\sqrt{27}$ = $3\sqrt{3}$ (cm)
AC = BCより,
$x = 3\sqrt{3}$
(2) △ABCは, 45°, 45°, 90°の直角三角形より, 辺
の比は1:1:$\sqrt{2}$だから,
AC = $2\sqrt{3} \times \sqrt{2}$ = $2\sqrt{6}$ (cm)
また, △ACDは, 30°, 60°, 90°の直角三角形より,
辺の比は1:2:$\sqrt{3}$だから,

$x = \dfrac{2}{\sqrt{3}} \times AC = \dfrac{2}{\sqrt{3}} \times 2\sqrt{6}$
$= 4\sqrt{2}$

2 (1) 1辺が4cmの正三角形の高さは, (2)の図の△ABC
の辺BCと長さが等しくなる。ここで, △ABCは
30°, 60°, 90°の直角三角形より, 辺の比は
1:2:$\sqrt{3}$だから,
BC = $2 \times \sqrt{3}$ = $2\sqrt{3}$ (cm)
よって, 1辺が4cmの正三角形の面積は,
$\dfrac{1}{2} \times 4 \times 2\sqrt{3}$ = $4\sqrt{3}$ (cm²)

(2) (1)より, BC = $2\sqrt{3}$ cmだから, △ABCの面積は,
$\dfrac{1}{2} \times 2 \times 2\sqrt{3}$ = $2\sqrt{3}$ (cm²)

3 x軸に関して, 点Aと対称な点A'(2, -5)をとる。
△AA'PはAP=A'Pの二等辺三角形だから,
AP+BP=A'P+BPで, 長さが最小になるとき, 点P
は線分A'Bとx軸との交点になる。このときの長さは,
三平方の定理より,
$\sqrt{(6-2)^2 + \{3-(-5)\}^2}$ = $\sqrt{16+64}$
$= 4\sqrt{5}$

直線A'Bの傾きは,
$\dfrac{3-(-5)}{6-2}$ = 2
より, $y = 2x+b$とおけて, A'(2, -5)の座標より
$-5 = 2 \times 2 + b$
$b = -9$
$y = 2x-9$について, $y=0$のとき,
$0 = 2x-9$
$x = \dfrac{9}{2}$

よって, 点Pの座標は, $\left(\dfrac{9}{2},\ 0\right)$

4 折り返した図形は, もとの図形と合同だから四角形
AEFG ≡ 四角形CEFD
よって, AE = EC
ここで, BE = $x$cmとおくと,
AE = EC = 6 - x (cm)
△ABEについて, 三平方の定理より,
$x^2 + 4^2 = (6-x)^2$
$x^2 + 16 = x^2 - 12x + 36$
$12x = 36 - 16 = 20$
$x = \dfrac{5}{3}$

よって, BEの長さは$\dfrac{5}{3}$ cm

5 右の図のように球の切断面を考
える。求める高さはGHの長さ
となる。

OA = 6cm, AH = 2cm
より, △OAHについて, 三平
方の定理を用いて,
$OH^2 + 2^2 = 6^2$
$OH^2 = 36 - 4 = 32$
OH > 0より, OH = $\sqrt{32}$ = $4\sqrt{2}$ (cm)
よって, GHの長さは, $6+4\sqrt{2}$ (cm)

6 (1) 四角形ABCDは正方形だから, △ABDは45°, 45°,
90°の直角三角形である。よって, 辺の比より,
BD = $\sqrt{2}$ AB = $8\sqrt{2}$ (cm)
(2) 側面の展開図で,
△OPQと△BAQについて,

対頂角は等しいので，
∠OQP＝∠BQA …①
△OAB，△OBCは正三角
形なので，
∠POQ＝∠ABQ …②
①，②より，2組の角がそ
れぞれ等しいので，
△OPQ∽△BAQより，
OQ：BQ＝OP：BA＝6：8＝3：4

(3) BQ＝8×$\dfrac{4}{3+4}$＝$\dfrac{32}{7}$(cm)

△ODBは
OD＝OB＝8(cm)，
BD＝8$\sqrt{2}$(cm)

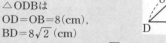

より，辺の比が1：1：$\sqrt{2}$なので，45°，45°，90°
の直角二等辺三角形であり，QからBDへ垂線QI
をひくと，

QI＝BI＝$\dfrac{BQ}{\sqrt{2}}$＝$\dfrac{32}{7\sqrt{2}}$＝$\dfrac{16\sqrt{2}}{7}$(cm)

また，HI＝4$\sqrt{2}$－$\dfrac{16\sqrt{2}}{7}$＝$\dfrac{12\sqrt{2}}{7}$(cm)

△QHIで三平方の定理より，

QH＝$\sqrt{\left(\dfrac{16\sqrt{2}}{7}\right)^2+\left(\dfrac{12\sqrt{2}}{7}\right)^2}$＝$\dfrac{4}{7}\sqrt{32+18}$

＝$\dfrac{20\sqrt{2}}{7}$(cm)

---

1 標本調査

STEP 1 要点チェック

テストの **要点** を書いて確認　　本冊 P.88

① ①標本調査，②全数調査

② 80

STEP 2 基本問題　　本冊 P.89

1 (1) 標本調査　　(2) 標本調査　　(3) 標本調査
(4) 全数調査

2 (1) $\dfrac{1}{10}$　　(2) 約405個

3 (1) $\dfrac{4}{9}$　　(2) 約200個

解説

1 (1) 電池の寿命を，1個ずつ調査して寿命の平均を調べるのは困難であるので，標本調査が適している。
(2) 川の水をすべて調査するのは不可能なので，標本調査が適している。
(3) すべての投票所と投票した人を調査することは困難なので標本調査が適している。
(4) どの生徒がどの学校を志望しているかは生徒全員について調べなければわからないので全数調査が適している。

2 (1) 20個のうち2個の割合だから，$\dfrac{2}{20}＝\dfrac{1}{10}$
(2) 20個のうちに含まれる白球と赤球の割合は9：1である。よって赤球が45個入っていれば白球は
$45×9＝405$(個)
入っていると推測できる。

3 (1) 27個のうち12個の割合だから，$\dfrac{12}{27}＝\dfrac{4}{9}$

(2) 袋の中には$\dfrac{4}{9}$の割合でりんご味のあめが入っているので450個中には，
$450×\dfrac{4}{9}＝200$(個)
のりんご味のあめが入っていると推測できる。

STEP 3 得点アップ問題　　本冊 P.90

1 標本調査⑦⑨　全数調査①⑤

2 およそ56.5kg

3 およそ175個

4 およそ6900匹

5 約200個

6 およそ250個

解説

1 ⑦ 全部のプリンを調べると商品としてのプリンが無くなってしまうので標本調査が適している。
① 生徒全員について通学手段を調べなければ学校の生徒の通学手段の実態は明らかにならないので全

数調査が適している。

⑦ 何本かのタイヤを取り出してその強度を調べれば
タイヤ全体の強度を推測することができるので標
本調査が適している。

④ 国勢調査は全国民を対象として行われるものであ
るから全数調査が適している。

2 無作為に抽出した8人の体重の平均が男子生徒64人全
員の体重の平均であると推測することができる。よっ
て，

$(52+56+47+68+55+54+71+49)÷8=56.5\text{(kg)}$

> **ミス注意!**
>
> 8人の体重の平均が，64人の体重の平均と同じと考
> えられることに注意する。

3 32個中14個の青のビー玉が入っていたので，400個中
にも

$\dfrac{14}{32}=\dfrac{7}{16}$

の割合で青のビー玉が入っていると推測できる。した
がって，箱の中の青のビー玉は，

$400×\dfrac{7}{16}=175\text{(個)}$

と推測できる。

4 648匹の魚の内，印のついた魚は54匹いたので池の中
には印のついた魚は，

$\dfrac{54}{648}=\dfrac{1}{12}$

の割合でいると推測できる。

よって，池の中の魚の数は，
$576×12=6912≒6900\text{(匹)}$

5 無作為に抽出した20個の中には赤玉が平均4個含まれ
ていたことから，袋の中の赤玉の割合は，$\dfrac{4}{20}=\dfrac{1}{5}$で
あると推測できる。よって，袋の中の赤玉の個数は，

$1000×\dfrac{1}{5}=200\text{(個)}$

であると推測できる。

6 無作為に抽出した30個の中に平均して赤玉は5個入っ
ていたことから袋の中の白玉と赤玉の個数の比は
$25:5=5:1$であると推測できる。よって，袋の中の
白玉の個数は
$50×5=250\text{(個)}$
であると推測できる。

の中に白玉は$\dfrac{8}{20}=\dfrac{2}{5}$の割合でふくまれていると推測
できる。よって，袋の中には白玉は，

$400×\dfrac{2}{5}=160\text{(個)}$

入っていたと推測できる。

2 無作為に抽出した240個のキャップのうち，白色の
キャップが50個ふくまれていたことから，集めた
キャップの中には，白色のキャップは$\dfrac{50}{240}=\dfrac{5}{24}$の割
合でふくまれていると推測できる。よって，キャップの
個数は，

$625×\dfrac{24}{5}=3000\text{(個)}$

であったと推測できる。

3 無作為に取り出した45個のビー玉のうち，印のついた
ビー玉は9個であったので，袋の中にふくまれる印の
ついたビー玉の割合は$\dfrac{9}{45}=\dfrac{1}{5}$であると推測できる。
よって，袋の中にビー玉は，
$200×5=1000\text{(個)}$
入っていたと推測できる。

4 無作為に抽出した300人中，運動をしていたのは40人
であったのだから，この大学のすべての学生のうち運
動をしていた人の割合は$\dfrac{40}{300}=\dfrac{2}{15}$であったと推測で
きる。よって，この大学で午後8時に運動していたの
は

$8500×\dfrac{2}{15}=1133.…$

よって，およそ1100(人)であったと推測できる。

5 32個のうち，白玉は8個であったことから，袋の中の
白玉の個数の割合は$\dfrac{8}{32}=\dfrac{1}{4}$であると推測できる。よっ
て，袋の中の白玉の個数は

$500×\dfrac{1}{4}=125\text{(個)}$

赤玉の個数は$500-125=375\text{(個)}$
であると推測できる。

6 無作為に抽出した100個の玉のうち，白玉が15個ふく
まれていたことから，袋の中の黒玉と白玉の個数の比
は，$85:15=17:3$であると推測できる。よって袋の
中の黒玉の個数は，

$500×\dfrac{17}{3}=2833.3…$

よって，およそ2800個入っていたと推測できる。

第8章｜標本調査
定期テスト予想問題　　　本冊 P.92

❶ 約160個

❷ イ

❸ およそ1000個

❹ およそ1100人

❺ 赤玉：約375個，白玉：約125個

❻ およそ2800個

解 説

❶ 20個の中には白玉が8個ふくまれていたことから，袋

1 (1) -16　　(2) $-\dfrac{1}{2}$　　(3) $\dfrac{3}{2}$　　(4) 4

(5) $ab+2$　　(6) $16y$　　(7) $-\dfrac{9}{4}$

(8) $4x+3$　　(9) $(x-5)(x+2)$

(10) $(a-4)(a+3)$　　(11) $3(3x-1)(3x+1)$

(12) $(4x-3)(4x+3)$　　(13) $3\sqrt{6}$　　(14) $2\sqrt{5}$

(15) $6\sqrt{3}$　　(16) $8\sqrt{2}$

2 (1) $x=7$　　(2) $x=-\dfrac{4}{7}$　　(3) $x=-3,\ 8$

(4) $x=\dfrac{-3\pm\sqrt{41}}{4}$　　(5) $x=\dfrac{-7\pm\sqrt{37}}{6}$

(6) $x=-4,\ 2$

3 (1) 20通り　　(2) $\dfrac{2}{5}$

4 (証明) $\triangle$ABF と $\triangle$DCB について，四角形 BFGC は正
方形だから，BF$=$CB$\cdots$①
仮定から，AB$=$AC
四角形 ACDE は正方形だから，AC$=$DC
よって，AB$=$DC$\cdots$②
また，
　　$\angle$ABF$=90°+\angle$ABC
　　$\angle$DCB$=90°+\angle$ACB
$\triangle$ABC は AB$=$AC の二等辺三角形だから，
　　$\angle$ABC$=\angle$ACB
よって，$\angle$ABF$=\angle$DCB$\cdots$③
①，②，③より，2組の辺とその間の角がそれぞれ等
しいから，
　　$\triangle$ABF$\equiv\triangle$DCB

5 (1) 320円
(2) （40gの定形郵便物）12（通）
（80gの定形外郵便物）8（通）

6 (1) $0\leqq y\leqq4$　　(2) $y=2x+3$
(3) $2\sqrt{3}$

7 $8:27$

8 白玉約120個，赤玉約180個

解 説

1 (1) $5\times(-2)-6=-10-6$
　　　　　　　$=-16$

(2) $-2^2\times\dfrac{1}{8}=-4\times\dfrac{1}{8}=-\dfrac{1}{2}$

(3) $-\dfrac{3}{8}\div\left(-\dfrac{1}{4}\right)=-\dfrac{3}{8}\times(-4)$
　　　　　　　　　　$=\dfrac{3}{2}$

(4) $-3^2\times\dfrac{4}{9}+8=-9\times\dfrac{4}{9}+8$

　　　　$=-4+8$
　　　　$=4$

(5) $(ab^2+2b)\div b=\dfrac{ab^2+2b}{b}$
　　　　　　　　　　$=ab+2$

(6) $(-2xy)^2\div\dfrac{x^2y}{4}=4x^2y^2\times\dfrac{4}{x^2y}$
　　　　　　　　　　　$=16y$

(7) $(a+1)(a-2)-\dfrac{(2a-1)^2}{4}$

$=a^2-a-2-\dfrac{(2a-1)^2}{4}$

$=\dfrac{4(a^2-a-2)-(4a^2-4a+1)}{4}$

$=\dfrac{4a^2-4a-8-4a^2+4a-1}{4}$

$=-\dfrac{9}{4}$

(8) $(12x^2+9x)\div3x=(12x^2+9x)\times\dfrac{1}{3x}$
　　　　　　　　　　　$=\dfrac{12x^2+9x}{3x}$
　　　　　　　　　　　$=4x+3$

(9) $x^2-3x-10=x^2+(-5+2)x+(-5)\times2$
　　　　　　　　$=(x-5)(x+2)$

(10) $a^2-a-12=a^2+(-4+3)a+(-4)\times3$
　　　　　　　　$=(a-4)(a+3)$

(11) $27x^2-3=3(9x^2-1)$
　　　　　　$=3\{(3x)^2-1^2\}$
　　　　　　$=3(3x-1)(3x+1)$

(12) $16x^2-9=(4x)^2-3^2$
　　　　　　$=(4x-3)(4x+3)$

(13) $\sqrt{24}+\sqrt{6}=2\sqrt{6}+\sqrt{6}$
　　　　　　　$=3\sqrt{6}$

(14) $\sqrt{45}-\sqrt{5}=3\sqrt{5}-\sqrt{5}$
　　　　　　　$=2\sqrt{5}$

(15) $\sqrt{27}+\sqrt{48}-\sqrt{3}=3\sqrt{3}+4\sqrt{3}-\sqrt{3}$
　　　　　　　　　　$=6\sqrt{3}$

(16) $\sqrt{6}\times\sqrt{3}+\dfrac{10}{\sqrt{2}}=3\sqrt{2}+\dfrac{10\times\sqrt{2}}{\sqrt{2}\times\sqrt{2}}$
　　　　　　　　　　$=3\sqrt{2}+\dfrac{10\sqrt{2}}{2}$
　　　　　　　　　　$=3\sqrt{2}+5\sqrt{2}$
　　　　　　　　　　$=8\sqrt{2}$

2 (1) $x+6=3x-8$
　　　$x-3x=-8-6$
　　　　$-2x=-14$
　　　　　$x=7$

(2) $\dfrac{3}{4}x+3=2-x$
両辺を4倍して，
　　$4\left(\dfrac{3}{4}x+3\right)=4(2-x)$
　　　　$3x+12=8-4x$
　　　　$3x+4x=8-12$
　　　　　　$7x=-4$
　　　　　　$x=-\dfrac{4}{7}$

(3) $x^2-5x=24$
　　$x^2-5x-24=0$
　　$x^2+(-8+3)x+(-8)\times3=0$

$$(x-8)(x+3)=0$$
$$x=-3,\ 8$$

(4) $x=\dfrac{-3\pm\sqrt{3^2-4\times2\times(-4)}}{2\times2}$

$=\dfrac{-3\pm\sqrt{41}}{4}$

(5) $x=\dfrac{-7\pm\sqrt{7^2-4\times3\times1}}{2\times3}$

$=\dfrac{-7\pm\sqrt{37}}{6}$

(6) $(x+3)(x-3)=-2x-1$

$x^2-9=-2x-1$

$x^2-9+2x+1=0$

$x^2+2x-8=0$

$x^2+(-2+4)x+(-2)\times4=0$

$(x-2)(x+4)=0$

$x=2,\ -4$

3 (1) $5\times4=20$(通り)

(2) 右の図の ● が条件を満
たすPとなるから，求
める確率は，

$\dfrac{8}{20}=\dfrac{2}{5}$

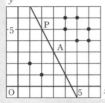

5 (1) 20gの定形郵便物が80円，200gの定形外郵便物が
240円だから，

$80+240=320$（円）

(2) 40gの定形郵便物をx通，80gの定形外郵便物をy
通とすると，

$\begin{cases}x+y=20 & \cdots① \\ 90x+140y=2200 & \cdots②\end{cases}$

①，②を解いて，$x=12$，$y=8$

6 (1) $x=0$のとき最小値$y=0$，$x=2$のとき最大値$y=4$
したがって，$0\leqq y\leqq4$

(2) 求める直線の式を$y=ax+b$とおくと，

$x=-1$のとき$y=1$より，

$1=-a+b\cdots①$

$x=3$のとき$y=9$より，

$9=3a+b\cdots②$

①，②より，$a=2$，$b=3$

したがって，直線 ℓ の式は，

$y=2x+3$

(3) $C(1,\ 1)$となり，$B(t,\ t^2)(t>1)$とおくと，

（四角形BAOCの面積）

$=(\triangle AOC$の面積$)+(\triangle ACB$の面積$)$より，

$\dfrac{1}{2}\times(1+1)\times1+\dfrac{1}{2}\times(1+1)\times(t^2-1)=12$

$1+t^2-1=12$ $t^2=12$

$t>1$より，$t=2\sqrt{3}$

7 $AE:EB=AF:FC=AG:GD$

$=2:1$

より，三角錐AEFGと三角錐ABCDは相似で，その
相似比は，

$2:(2+1)=2:3$

体積比は，

$2^3:3^3=8:27$

8 白玉の割合は，

$\dfrac{16}{40}=\dfrac{2}{5}$

と推測できるので，白玉の個数は，

$300\times\dfrac{2}{5}=120$（個）

と推測される。

入試対策問題 2
本冊 P.98

1 (1) 17　　(2) -36　　(3) -2　　(4) 25

(5) $-5x+9y$　　(6) $4x$　　(7) $\dfrac{x+y}{6}$

(8) $5x+16$　　(9) $a(x-4)(x+2)$

(10) $(x-7)(x-3)$　　(11) $(x-8)(x-3)$

(12) $(x-8)(x+2)$　　(13) $\sqrt{5}$　　(14) $2\sqrt{6}$

2 (1) $x=-2$　　(2) $x=11$　　(3) $x=3,\ 4$

(4) $x=-8,\ 4$　　(5) $x=\dfrac{3\pm\sqrt{7}}{2}$

(6) $x=3,\ -2$

3 (1) $0\leqq y\leqq9a$　　(2) $y=-\dfrac{3}{4}x+5$

4 (証明)点EとSを結ぶ。$\triangle$FSEと$\triangle$FSDについて，

$\triangle$DEFは正三角形だから，FE$=$FD$\cdots①$

辺FSは，$\angle$EFDの二等分線だから，

$\angle$SFE$=\angle$SFD$\cdots②$，FS$=$FS（共通）$\cdots③$

①，②，③から，2組の辺とその間の角がそれぞれ等
しいので，$\triangle$FSE$\equiv\triangle$FSD

よって，ES$=$DS$\cdots④$

一方，点E，Sと円の中心Oをそれぞれ結ぶと，

$\triangle$OSEでOE$=$OSとなる。また，$\angle$SFE$=30°$だから，

円周角の定理より，$\angle$SOE$=60°$となり，$\triangle$OSEは

正三角形である。

よって，OE$=$ES$\cdots⑤$

④，⑤より，DS$=$OE

したがって，線分DSと円Oの半径は等しい。

5 (1) 10通り　　(2) $\dfrac{7}{25}$

6 350

7 (1) 2cm　　(2) 28cm³　　(3) $3\sqrt{3}$ cm

解説

1 (1) $(-5)\times(-2)+7=10+7$

$=17$

(2) $-4\times(-3)^2=-4\times9$

$=-36$

(3) $6+24\div(-3)=6-8$

$=-2$

(4) $(-4)^2+3^2=16+9$

$=25$

(5) $7x+6y-3(4x-y)$

$=7x+6y-12x+3y$

$=-5x+9y$

(6) $(-2xy)^2\div xy^2$

$=4x^2y^2\div xy^2$

$$= \frac{4x^2 y^2}{xy^2}$$
$$= 4x$$

(7) $\dfrac{3x-y}{2} - \dfrac{4x-2y}{3}$

$\quad = \dfrac{3(3x-y)-2(4x-2y)}{6}$

$\quad = \dfrac{9x-3y-8x+4y}{6}$

$\quad = \dfrac{x+y}{6}$

(8) $(x+2)^2 - (x+3)(x-4)$
$\quad = x^2+4x+4 - (x^2-x-12)$
$\quad = x^2+4x+4-x^2+x+12$
$\quad = 5x+16$

(9) $ax^2 - 2ax - 8a$
$\quad = a(x^2-2x-8)$
$\quad = a(x-4)(x+2)$

(10) $x^2 - 10x + 21$
$\quad = x^2+(-3-7)x+(-3)\times(-7)$
$\quad = (x-3)(x-7)$

(11) $x^2 - 11x + 24$
$\quad = x+(-3-8)x+(-3)\times(-8)$
$\quad = (x-3)(x-8)$

(12) $x^2 - 6x - 16$
$\quad = x^2+(-8+2)x+(-8)\times 2$
$\quad = (x-8)(x+2)$

(13) $\sqrt{20}-\sqrt{5} = 2\sqrt{5}-\sqrt{5}$
$\qquad\qquad\quad = \sqrt{5}$

(14) $\dfrac{\sqrt{54}}{2} + \sqrt{\dfrac{3}{2}} = \dfrac{3\sqrt{6}}{2} + \dfrac{\sqrt{3}\times\sqrt{2}}{\sqrt{2}\times\sqrt{2}}$

$\qquad\qquad\qquad = \dfrac{3\sqrt{6}}{2} + \dfrac{\sqrt{6}}{2}$

$\qquad\qquad\qquad = \dfrac{4\sqrt{6}}{2}$

$\qquad\qquad\qquad = 2\sqrt{6}$

$\boxed{2}$ (1) $-3x+7 = 2x+17$
$\qquad -3x-2x = 17-7$
$\qquad -5x = 10$
$\qquad x = -2$

(2) $\dfrac{3x+2}{5} = \dfrac{2x-1}{3}$

両辺を15倍して,
$\quad 3(3x+2) = 5(2x-1)$
$\quad 9x+6 = 10x-5$
$\quad 9x-10x = -5-6$
$\quad -x = -11$
$\quad x = 11$

(3) $x^2 - 7x + 12 = 0$
$\quad x^2+(-3-4)x+(-3)\times(-4) = 0$
$\quad (x-3)(x-4) = 0$
$\quad x = 3,\ 4$

(4) $(x+2)^2 = 36$
$\quad (x+2)^2 = 6^2$
$\quad x+2 = \pm 6$
$\quad x = -6-2,\ 6-2$
$\qquad = -8,\ 4$

(5) $2x^2 + 1 = 6x$
$\quad 2x^2 - 6x + 1 = 0$
$\quad x = \dfrac{-(-6)\pm\sqrt{(-6)^2-4\times 2\times 1}}{2\times 2}$

$\qquad = \dfrac{6\pm\sqrt{36-8}}{4}$

$\qquad = \dfrac{6\pm\sqrt{28}}{4}$

$\qquad = \dfrac{6\pm 2\sqrt{7}}{4}$

$\qquad = \dfrac{3\pm\sqrt{7}}{2}$

(6) $x^2 - 2x + 1 = 7 - x$
$\quad x^2 - 2x + x + 1 - 7 = 0$
$\quad x^2 - x - 6 = 0$
$\quad x^2 + (-3+2)x + (-3)\times 2 = 0$
$\quad (x-3)(x+2) = 0$
$\quad x = 3,\ -2$

$\boxed{3}$ (1) y が最小となるのは, $x=0$ のときで, $y=0$
y が最大となるのは, $x=-3$ のときで, $y=9a$ である。
よって, y の変域は,
$\quad 0 \le y \le 9a$

(2) A$(2,\ -1)$, B$(2,\ 8)$ より,
ABの中点の座標は $\left(2,\ \dfrac{7}{2}\right)$

求める直線の式を $y = -\dfrac{3}{4}x+b$ とおくと,

$\quad \dfrac{7}{2} = -\dfrac{3}{4}\times 2 + b \qquad b = 5$

よって, 求める直線の式は,
$\quad y = -\dfrac{3}{4}x + 5$

$\boxed{5}$ 取り出した結果を $(a,\ b)$ とする。
(1) $a < b$ となるのは,
$(1,\ 2)$, $(1,\ 3)$, $(1,\ 4)$, $(1,\ 5)$, $(2,\ 3)$, $(2,\ 4)$,
$(2,\ 5)$, $(3,\ 4)$, $(3,\ 5)$, $(4,\ 5)$の10通り。

(2) $\sqrt{a}\times\sqrt{b}$ が整数となるのは,
$(1,\ 1)$, $(1,\ 4)$, $(2,\ 2)$, $(3,\ 3)$, $(4,\ 1)$, $(4,\ 4)$,
$(5,\ 5)$の7通り。

したがって, 求める確率は,
$\quad \dfrac{7}{5\times 5} = \dfrac{7}{25}$

$\boxed{6}$ 35個の玉のうち, 4個が印のついた玉なので, 推測される箱の中の玉の総数を x 個とおくと,

$\quad \dfrac{4}{35}x = 40$

$\quad x = 40\times\dfrac{35}{4}$

$\quad\ \ = 350$(個)

$\boxed{7}$ (1) 点E, Fはそれぞれ辺OA, OBの中点だから, 中点連結定理より,

$\quad$ EF $= \dfrac{1}{2}$AB $= 2$(cm)

(2) (四角すいOEFGH)∞(四角すいOABCD).
OE : OA $= 1 : 2$ より, 相似比は $1:2$
よって, 体積比は, $1^3 : 2^3 = 1 : 8$
四角すいOABCDの体積を V とすると,

$\quad$ (立体K) $= V - V\times\dfrac{1}{8} = \dfrac{7}{8}V = \dfrac{7}{8}\times\dfrac{1}{3}\times 4^2\times 6$

$\qquad\qquad = 28$(cm³)

(3) △ABCは辺の比が
$1:1:\sqrt{2}$ の直角二等辺三角形だから,
AC $= \sqrt{2}$ AB $= 4\sqrt{2}$ (cm)
線分ACの中点をMとすると, △OAMで三平方の

37

定理より，
$$OA^2 = 6^2 + (2\sqrt{2})^2$$
$$= 36 + 8$$
$$= 44$$
OA > 0 より，
$$OA = \sqrt{44} = 2\sqrt{11} \text{ (cm)}$$
E から AC へ垂線 EN を引くと，点 E は辺 OA の中点より中点連結定理から
$$EN = \frac{1}{2} \times OM = 3 \text{ (cm)}$$
よって，
$$NC = AC - \frac{1}{2} \times AM = 4\sqrt{2} - \sqrt{2} = 3\sqrt{2} \text{ (cm)}$$
△ENC で三平方の定理より，
$$EC^2 = 3^2 + (3\sqrt{2})^2$$
$$= 9 + 18$$
$$= 27$$
EC > 0 より，$EC = \sqrt{27} = 3\sqrt{3}$ (cm)

入試対策問題 ③

本冊 P.101

1　(1) -6　　(2) 11　　(3) $\dfrac{a+b}{12}$　　(4) $4xy$

　　(5) $15x-11$　　(6) $-25xy^2$　　(7) $\sqrt{2}$

　　(8) $4\sqrt{2}$　　(9) 5　　(10) $1+3\sqrt{5}$

2　(1) $x=3$　　(2) $x=2$　　(3) $x=2,\ y=-1$

　　(4) $x=-1,\ y=4$　　(5) $x=\dfrac{-9\pm\sqrt{21}}{10}$

　　(6) $x=\dfrac{5\pm\sqrt{33}}{4}$

3　(証明) △ABC と △EDC について，仮定より，
$$\angle ACB = \angle ECD \quad \cdots ①$$
また，仮定より，BA = BE だから，
$$\angle BAE = \angle BEA \quad \cdots ②$$
対頂角は等しいので，$\angle BEA = \angle CED \quad \cdots ③$
②，③より，$\angle CAB = \angle CED \quad \cdots ④$
①，④より，2 組の角がそれぞれ等しいので，
$$△ABC \backsim △EDC$$

4　(1) $x+y=35,\ 2x+y=47$

　　(2) 大人 12 人，中学生 23 人

5　およそ 2800 人

6　$\dfrac{2}{5}$

7　(1) $\dfrac{8\sqrt{6}}{3}$ cm³　　(2) 24 cm²　　(3) $\dfrac{\sqrt{6}}{3}$ cm

解 説

1　(1) $\dfrac{2}{3} \div \left(-\dfrac{1}{9}\right) = \dfrac{2}{3} \times (-9)$
$$= -6$$

　　(2) $9 - 6 \times \left(-\dfrac{1}{3}\right) = 9 - (-2)$
$$= 9 + 2$$
$$= 11$$

(3) $\dfrac{3a-b}{4} - \dfrac{2a-b}{3} = \dfrac{3(3a-b) - 4(2a-b)}{12}$
$$= \dfrac{9a - 3b - 8a + 4b}{12}$$
$$= \dfrac{a+b}{12}$$

(4) $(-8xy^2) \times 2x \div (-4xy)$
$$= \dfrac{-8xy^2 \times 2x}{-4xy}$$
$$= 4xy$$

(5) $(x+3)^2 - (x-4)(x-5)$
$$= x^2 + 6x + 9 - (x^2 - 9x + 20)$$
$$= x^2 + 6x + 9 - x^2 + 9x - 20$$
$$= 15x - 11$$

(6) $3x^2 y \div \left(-\dfrac{3}{5}x\right) \times 5y$
$$= \dfrac{3x^2 y \times 5 \times 5y}{-3x}$$
$$= -25xy^2$$

(7) $\sqrt{8} - \dfrac{2}{\sqrt{2}}$
$$= 2\sqrt{2} - \dfrac{2 \times \sqrt{2}}{\sqrt{2} \times \sqrt{2}}$$
$$= 2\sqrt{2} - \dfrac{2\sqrt{2}}{2}$$
$$= 2\sqrt{2} - \sqrt{2}$$
$$= \sqrt{2}$$

(8) $5\sqrt{2} + \sqrt{8} - \sqrt{18} = 5\sqrt{2} + 2\sqrt{2} - 3\sqrt{2}$
$$= 4\sqrt{2}$$

(9) $(2\sqrt{3} + \sqrt{7})(2\sqrt{3} - \sqrt{7}) = (2\sqrt{3})^2 - (\sqrt{7})^2$
$$= 12 - 7$$
$$= 5$$

(10) $(\sqrt{5} + 4)(\sqrt{5} - 1) = (\sqrt{5})^2 + (4-1) \times \sqrt{5} - 4$
$$= 5 + 3\sqrt{5} - 4$$
$$= 1 + 3\sqrt{5}$$

2　(1) $3x - 2 = x + 4$
$$3x - x = 4 + 2$$
$$2x = 6$$
$$x = 3$$

(2) $\dfrac{1}{2}x - 1 = \dfrac{x-2}{5}$
　　両辺を 10 倍して，
$$5x - 10 = 2(x-2)$$
$$5x - 10 = 2x - 4$$
$$5x - 2x = -4 + 10$$
$$3x = 6$$
$$x = 2$$

(3) $\begin{cases} 2x + 3y = 1 & \cdots ① \\ x - y = 3 & \cdots ② \end{cases}$
　　① + ② × 3 より，
$$\begin{array}{r} 2x + 3y = 1 \\ +)\ 3x - 3y = 9 \\ \hline 5x \quad\quad = 10 \\ x = 2 \end{array}$$
　　② に代入して，
$$2 - y = 3$$
$$-y = 3 - 2$$
$$-y = 1$$
$$y = -1$$

(4) $\begin{cases} 5x + 2y = 3 & \cdots ① \\ 2x + 3y = 10 & \cdots ② \end{cases}$

①×3−②×2より，

$$15x+6y=9$$
$$\underline{-)\ \ 4x+6y=20}$$
$$11x\qquad=-11$$
$$x=-1$$

②に代入して，

$$-2+3y=10$$
$$3y=10+2$$
$$3y=12$$
$$y=4$$

(5) $5x^2+9x+3=0$

$$x=\frac{-9\pm\sqrt{9^2-4\times5\times3}}{2\times5}$$
$$=\frac{-9\pm\sqrt{81-60}}{10}$$
$$=\frac{-9\pm\sqrt{21}}{10}$$

(6) $(x+1)(x-1)=5x-x^2$

$$x^2-1-5x+x^2=0$$
$$2x^2-5x-1=0$$
$$x=\frac{-(-5)\pm\sqrt{(-5)^2-4\times2\times(-1)}}{2\times2}$$
$$=\frac{5\pm\sqrt{25+8}}{4}$$
$$=\frac{5\pm\sqrt{33}}{4}$$

4 (1) 人数から，

$$x+y=35 \quad\cdots①$$

入園料から，

$$800x+400y=1000x+500y-4700$$
$$200x+100y=4700$$
$$2x+y=47 \quad\cdots②$$

(2) ②−①より，

$$2x+y=47$$
$$\underline{-)\ \ x+y=35}$$
$$x\ \ =12$$

$x=12$を①に代入して，

$$12+y=35$$
$$y=35-12$$
$$=23$$

よって，大人12人，中学生23人である。

5 450人中でB局をみていた学生の割合は，

$$\frac{135}{450}=\frac{3}{10}$$

この割合が全体にもあてはまると考えて，

$$9300\times\frac{3}{10}=2790$$

よって，B局をみていた学生の人数は，十の位を四捨五入して，およそ2800人と考えられる。

6 5枚のカードを1A，1B，2A，2B，3とすると，取り出し方は全部で

$$5\times4=20(通り)$$

である。このうち条件をみたすものは，

$a=1$Aのとき，$b=2$A，2Bの2通り。

$a=1$Bのときも2通り。

$a=2$Aのとき$b=1$A，1Bの2通り。

$a=2$Bのときも2通り。

$a=3$のときはない。

したがって，求める確率は，

$$\frac{4+4}{20}=\frac{8}{20}=\frac{2}{5}$$

7 (1) Oから底面に垂線OPをひく。△ABPは辺の比が $1:1:\sqrt{2}$ だから，$AB=2$cmより

$$AP=\frac{2}{\sqrt{2}}=\sqrt{2}\ (cm)$$

△OAPで三平方の定理により，

$$AP^2+OP^2=OA^2$$
$$OP^2=(\sqrt{26})^2-(\sqrt{2})^2$$
$$=26-2$$
$$=24$$

$OP>0$より，$OP=\sqrt{24}=2\sqrt{6}$ (cm)

よって，体積は，

$$\frac{1}{3}\times2^2\times2\sqrt{6}=\frac{8\sqrt{6}}{3}\ (cm^3)$$

(2) △OABにおいて，Oから辺ABに垂線OHをひくと，$AH=1$で，三平方の定理により，

$$OH^2+AH^2=OA^2$$
$$OH^2=(\sqrt{26})^2-1^2$$
$$=26-1$$
$$=25$$

$OH>0$より，$OH=\sqrt{25}=5$(cm)

よって，$\triangle OAB=\frac{1}{2}\times2\times5=5$(cm²)

ゆえに，表面積は，$2^2+5\times4=24$(cm²)

(3) 内接している球の半径をr，中心をSとする。Sを頂点とし，側面の4つの二等辺三角形を底面とする4つの三角錐と正方形ABCDを底面とする四角錐の体積を考えて，(1)，(2)より，

正四角錐O-ABCD

$$=\frac{1}{3}\times r\times(\triangle OAB+\triangle OBC+\triangle OCD$$
$$+\triangle ODA+正方形ABCD)$$

$$\frac{8\sqrt{6}}{3}=\frac{1}{3}\times r\times24$$

よって，$r=\frac{\sqrt{6}}{3}$(cm)